猪病理剖检

诊断指南

【西班牙】Marcelo De las Heras Guillamón
José Antonio García de Jalón 著

潘雪男　肖　驰　神翠翠　主译

中国农业出版社

本书有关用药的声明

随着兽医科学研究的发展、临床经验的积累及知识的不断更新，治疗方法及用药也必须或有必要做相应的调整。建议读者在使用每一种药物之前，参阅厂家提供的产品说明书以确认推荐的药物用量、用药方法、所需用药的时间及禁忌等，并遵守用药安全注意事项。执业兽医有责任根据经验和对患病动物的了解决定用药量及选择最佳治疗方案。出版社和作者对动物治疗中所发生的损失或损害，不承担任何责任。

中国农业出版社

目　录

译者序

粗读这本书时，给我的最初印象是一本猪病临床图谱，与其他同类书籍并没有明显差异。闲时无事，细读此书才改变我的第一印象，并力争翻译以供年轻的兽医们参考。

这是一本猪病理解剖的入门书，本书给猪场兽医们提供了一个标准而实用的临床解剖程序。如果年轻的猪场兽医工作者长期按此解剖术式进行实践，解剖时就会做到有条不紊、完整地获得猪相关解剖病理信息，为猪病的临床诊断提供更多的证据。

本书从临床解剖的角度，描述了猪主要部位的病理变化和相关病理学知识，特别有利于刚从事猪场兽医工作的人群快速掌握猪病理解剖技术。书中大量病理照片从不同侧面反映猪病的可能和为什么会形成这些病理变化，如纤维素性心包炎提示了副猪嗜血杆菌、巴氏杆菌、链球菌感染。这打开了我们的思维，提示解剖时看到的病理变化，我们要思考有哪些病原/疾病造成？处于病理过程需要哪个阶段？这就是本书的深层次意义。因此，建议读者在学习本书时，对照重温病理学的相关知识。

有人说，解剖时只是看到了一张瞬间的静止的病理照片。如果不能从病理过程去理解病变，那么只能按图索骥。因此，面对生产上复杂的猪病，我们需要解剖不同发病阶段的病猪去完成这张病理拼图，以构建疾病发生的病理"录像"，来揭示病理变化的本质，理解疾病的发生与发展，这有助于疾病的临床诊断与治疗。

带着问题去解剖就会帮助我们寻找更多的证据。在解剖之前完全有必要了解猪场的病史和临床症状，否则就会丧失获得更多病理变化的机会，解剖就没有多大意义。要实现这个目标，必须按照一个标准的解剖程序，无任何遗漏地查看每个解剖部位，这样才能获得完整病理变化的信息。

由于译者水平有限，译文错误之处，敬请读者指出！

序

    随着养猪生产的进一步发展，影响猪群健康的病理学问题也变得越来越复杂。而解决这些问题，有时需要花费较长时间、较高的成本。因此，任何有助于找到解决方案的过程总是受欢迎的。尸体剖检，结合病理学的丰富知识，无疑是临床上疾病研究的有力手段。

    我们在本书中首次提出了一种能够快速且完全展现不同器官和结构的尸体解剖法，该技术能够向我们提供尽可能多的信息技术。其次，我们将尸体解剖过程与保持一定的解剖顺序和观察面直接联系起来，向读者展示了大量病变实例，并对这些病变的各自特征以及与其他一种或多种疾病间可能的关系作出说明。

    我们有意选择了一种能在现场、条件困难（缺水和仅使用任何专业人员在其汽车中都可能随身携带的基本器材）下实施的简易尸体解剖步骤。为方便尸体解剖结束后清洁现场和销毁遗骸，我们并不打算利用该方法从尸体上取出任何器官或组织，甚至在摘除大脑时也不会将头从躯干上卸下。本方法尊重各种传统解剖和观察方法，同时也重视样本收集，以备进一步研究之用。我们将分析中显示不同结构和内脏的图片按照顺序给出不同的观察面。

    本书结构层次分明，每一个观察面用一种颜色表示，这样在后续的内容中，我们就能对正常组织结构图和具有相关病理的图片进行比较。显然，本书不可能列出所有病变，但我们挑选出了一些最常见且最重要的病变，因此这些内容可以作为诊断的指南。

    在某些章节中，我们引入了先前的一些额外信息，因为我们认为这些内容是基本病变特性的合理提示以及解剖病理学中最普通的术语。

    遵循上述方法，我们希望本书能够成为使用本书的专业人员日常工作的一个有用工具。

Marcelo De las Heras Guillamón 博士

José Antonio García de Jalón 博士

（潘余乐 译　唐彩琰 校）

致 谢

　　谨对多年来一直向我们提供帮助的兽医从业者、养猪专家表示最衷心的感谢！同样还要感谢屠宰场兽医同仁的无私帮助，让我们十分方便地开展工作。正是他们从平时的工作积累中，提供出数百个动物病例，才使得本书能够顺利地编写完成，成为猪病诊断的重要的工具书。鉴于此，这些兽医同仁和养猪专家，理所当然成为本书的共同作者。同样，我们还要感谢SERVET团队在本书编辑工作中做出的巨大贡献。

（潘余乐 译　唐彩琰 校）

第1章　尸体剖检

尸体剖检过程需要用到一些基本工具，如锋利的手术刀和锯子等。剪刀和镊子也是非常有用的解剖工具，但不是最基本的工具。想要实现正确诊断，在尸体剖检前，应先了解病史，寻找出与疾病相关的信息。剖检过程中的肉眼检查，虽有一定局限性，但对确诊很重要。最后请记住，如果发病动物在病变完全形成之前已被扑杀，或动物死亡时间较长，尸体已出现自溶或腐败现象时，则不能进行尸体剖检。

准备好手术刀、锯子并穿戴好乳胶手套、围裙、靴子和工作服后，我们就可以打开动物尸体。当缺少解剖桌和自来水时，推荐在纸袋上进行尸体剖检，这利于体液吸收，且这种纸袋的材质是可生物降解的，在尸体剖检完成后能够很方便地连同尸体一起销毁。

如果需要收集样本以备进一步病理学研究，一瓶10%甲醛溶液也非常有用。另外，还建议随身携带无菌拭子（或其他任何类型的材料），以便在进行微生物学研究时用来采集样本。

本部分将根据不同的观察面，对尸体剖检过程的各个阶段进行叙述。

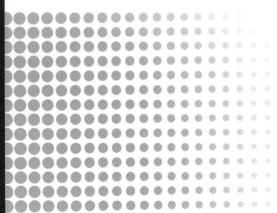

A. 皮肤、蹄、鼻和天然孔

图1-1　详细观察所有部位的皮肤：肤色、痂皮、脱毛和其他病变

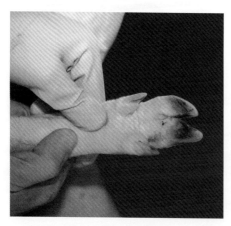

图1-2　详细观察蹄和趾间隙

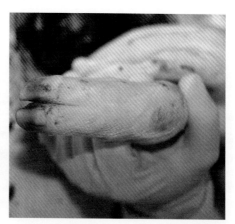

图1-3　观察关节：灵活性、大小改变

在尸体剖检的最初阶段，应该观察不同部位皮肤和被毛的总体情况，并评估浅表淋巴结。除此之外，还应采集皮肤样本进行组织学研究。样本量不宜过大，但所采集的皮肤样本应该能够代表疾病所处的病程，且需带有外观正常的组织

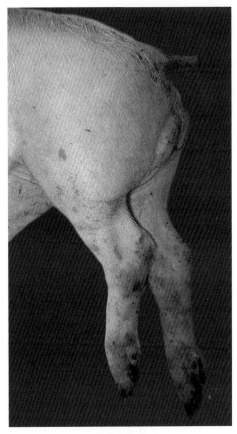

图1-4 肛门与生殖器部位的观察：是否黏附排泄物，粪便颜色，尾的外观

图1-5 头部观察：重点观察口、鼻、耳和眼

B. 皮下组织和肌肉系统

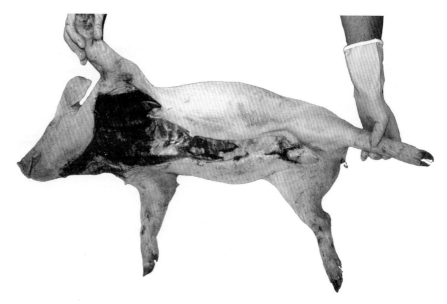

图1-6 皮肤观察结束后，从下颚起沿腹白线用刀从下颌支到肛门区划一切口，切口尽量不要太深

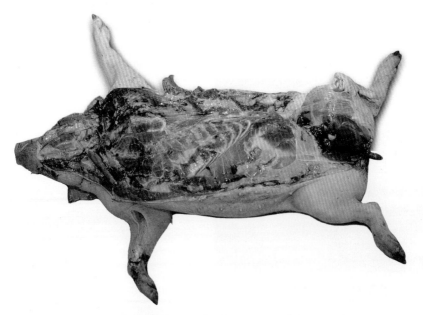

图1-7 切口划好后，小心地将皮下组织与皮肤剥离，以便获得整个观察面

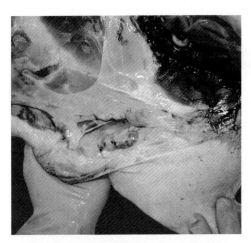

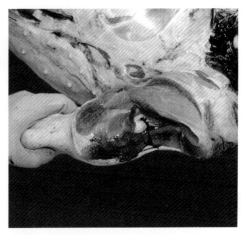

图1-8 皮下淋巴结易见，随后对其大小和外观进行评估。为了获得更大的观察面，可以用解剖刀在淋巴结上开矢状切口。如果需要寻找结节或钙化灶，可以在淋巴结上开横向切口，每个切口间隔4～5mm

图1-9 观察肌肉的表面状况。尽量对可能的变化作出评估，肌肉剖面观察也非常重要。在不同肌肉群上开一些切口

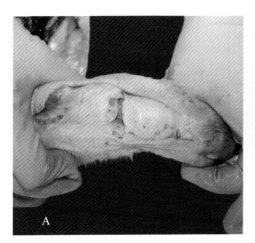

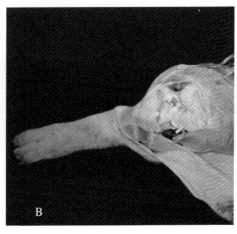

图1-10 观察关节周围区域的外观。注意：不要损坏软骨，软骨可以与关节腔内容物一起观察。尸体的各个关节都应该打开，以便评估疾病是局部性的抑或是全身性的A和B

C．颈和胸部

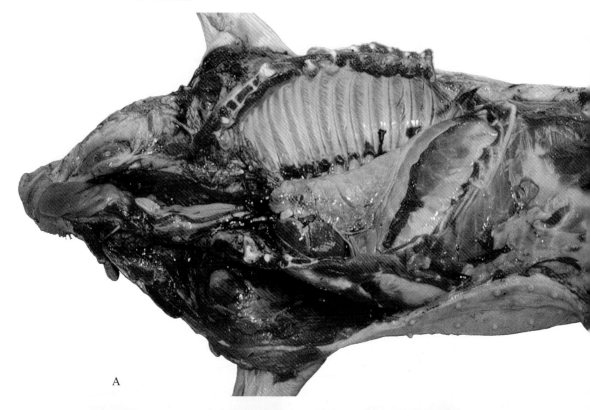

A

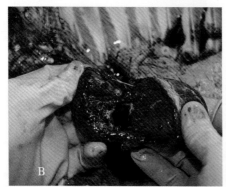

B

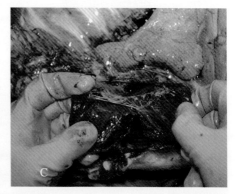

C

图1—11 检查心包膜、心肌和心腔时无须摘下心脏。打开心包膜，观察其内容物和心外膜的外表。打开心腔，先观察右侧心脏，随后观察左侧心脏。从心脏顶部切开，并持续切到心脏基部。所有心瓣膜将都会清楚地暴露在眼前，因此很容易检查

在剖检的此阶段，横向切断舌骨肌和颈部肌肉，找到食道和气管。一旦找到并剖开这两个器官，就可以观察喉、气管和食管的内部结构。用刀切开胸肋关节，这有助于方便地找到腹腔入口。抬起肋骨，直至肋骨与其基部分开，这有助于彻底暴露出胸廓的观察面，便于发现所有可能的异常情况，如体液或其他改变。轻轻剥离出肺脏，观察气管支气管淋巴结和纵隔淋巴结及大血管的分布状态。

 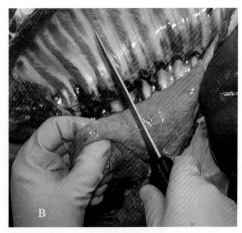

图1-12　应该通过彻底检查肺脏质地并查找任何潜在的外部损伤来对其表面进行观察诊断。最后，在不同部位将肺脏切开，以便能够对其可能出现的病变进行彻底评估。在此阶段，可以采集心脏和肺脏样本，以备组织学检查。采集的样本应该既包含正常的组织，又包含病变组织A和B

D．腹部

尸体剖检过程中，无须从尸体上摘掉任何组织或器官，同时尸体剖检可以为进一步的组织学检查提供理想的采样条件。采集消化道样本时，需要打开消化道，并且在将样本转入采样瓶之前尽量不要破坏肠道黏膜。建议将样本在甲醛溶液中漂洗一下，以尽可能多地除去样本上的脏物。这有助于肠道黏膜固定，以便在实验室进行充分的观察和分析。

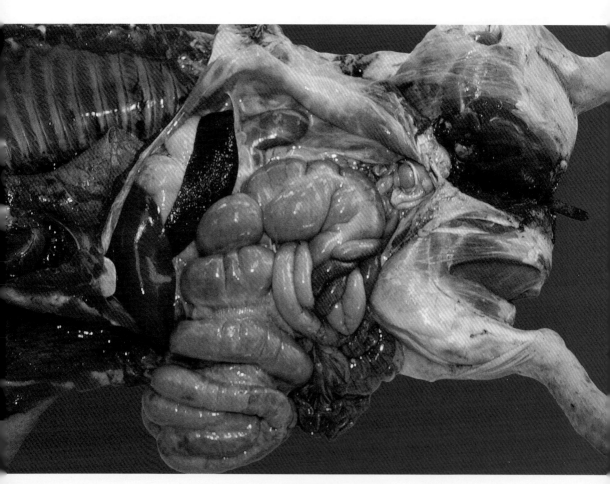

图1-13 在按腹中线剖开并横向切断横隔膜，观察腹腔、腹膜和腹腔淋巴结的总体情况；部分脏器需要剖开，以便观察它们的内部形态；随后检查消化道

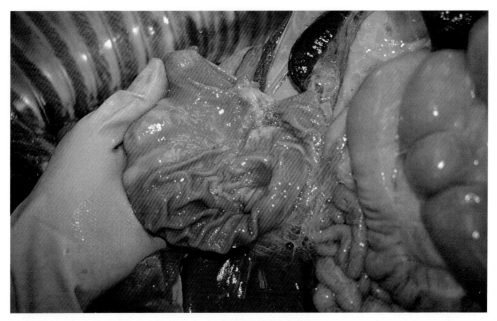

图1-14 从幽门处的食道口开始，顺着胃大弯行刀将胃剖开。此阶段可以获得有关胃壁和胃黏膜状况的信息。食道部的检查非常重要

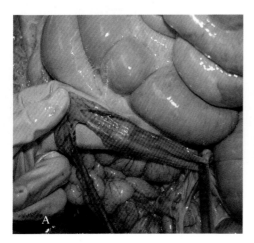

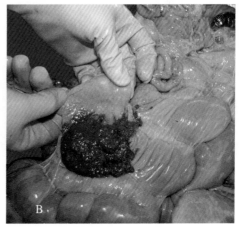

图1-15 从十二指肠开始，至结肠和直肠止，对各个肠段进行彻底检查。各个肠段剖开一部分，以便对其内容物和黏膜状况进行评估A和B

E．肝脏、脾脏、肾脏和泌尿生殖系统

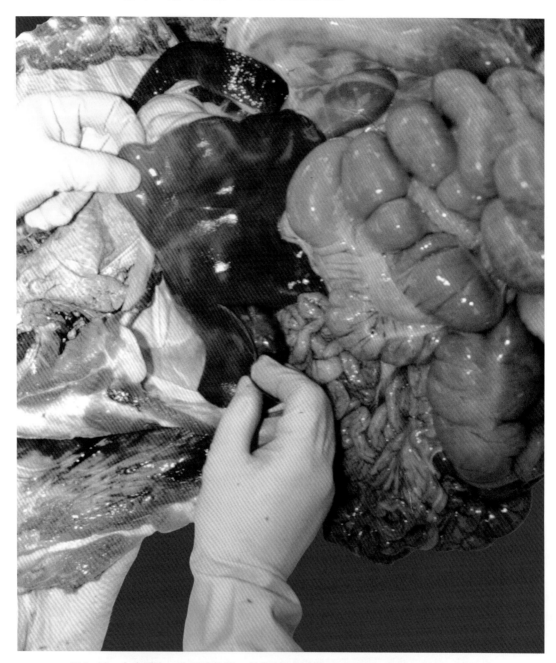

图1-16　在腹腔中，除了消化道，其他所有器官都应该检查。检查时没有必要将它们取出。肝脏、脾脏和泌尿生殖系统腹部段的颜色、大小、质地及切面表面都可以评估

图1-17　观察胆囊及其内容物的状况，以及它们与其他腹腔脏器的关系

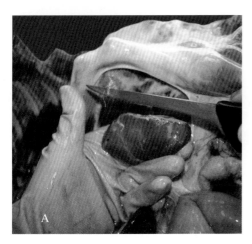

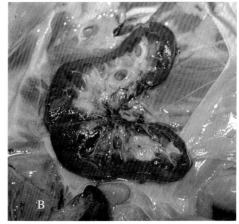

图1-18　剥离肾脏被膜，并呈矢状剖开，以便检查肾盂和输尿管的表面和外观。如果需要采集肾脏样本以备组织病理学检查，则应呈楔状采样，以便代表所有的肾结构A和B

F．打开头颅和鼻腔

图1-19　在对脑髓实施必要的处理前，应收集部分脑脊液，以便作进一步研究分析（如细菌学分析）。首先，找到寰枕关节，这是抽吸针施针的部位。小脑延髓池就位于此，只要使用一台小型抽吸仪就可在该部位获得大量液体A和B

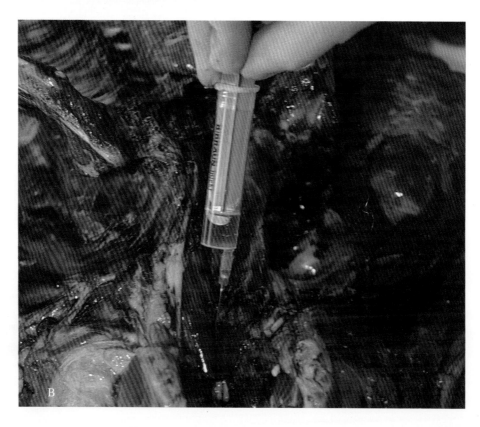

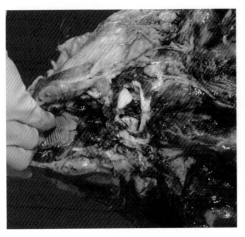

图1-20 获取脑髓时，不需要将头与尸体的其他部位完全分离。可利用仍与躯体相连的部分皮肤和结缔组织更好地固定头部，进而锯头颅。首先，再次找到寰枕关节，并小心切断，以避免切断颈背的皮肤。接下来，分离皮肤，并将皮肤向头的方向拉，清除掉头盖骨至鼻区的皮肤，在接近口、鼻部时停止。通过这一系列的处理，虽然头部仍与尸体相连，但已经可以打开头颅

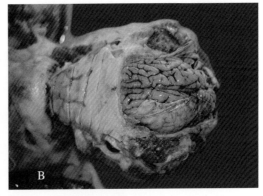

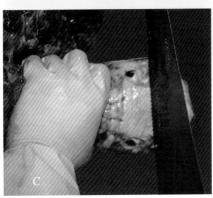

图1-21 第一刀应沿着眼后角点与寰枕关节连接的假想线切下，需要注意的是颅骨应呈弧形（图1-21A）。颅骨对侧可做完全相同的切口。然后在前部锯断颅骨，将两个切口连接起来（图1-21B）。从此处开始，尽量通过转腕来抬高颅骨顶。如果无法抬高，可以用锯子沿着这些切口再锯一次，并尽量通过锯子的转动将其抬起。最后，你就能够观察到脑髓的表面，为完成分析，还需进一步摘除脑髓（图1-21C）

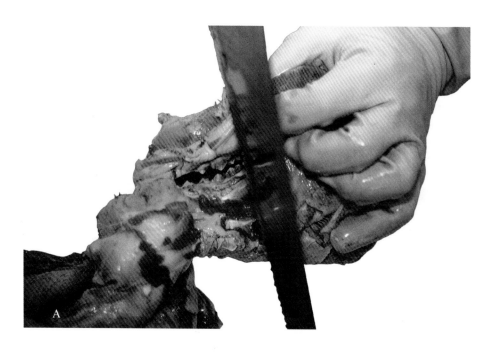

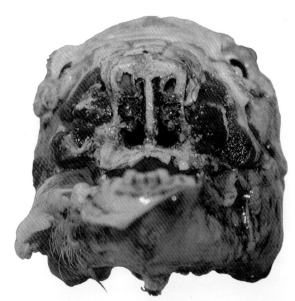

图1-22　在第二前臼齿和第三前臼齿的位置横向切割头骨，露出鼻腔。也可以呈矢状切割

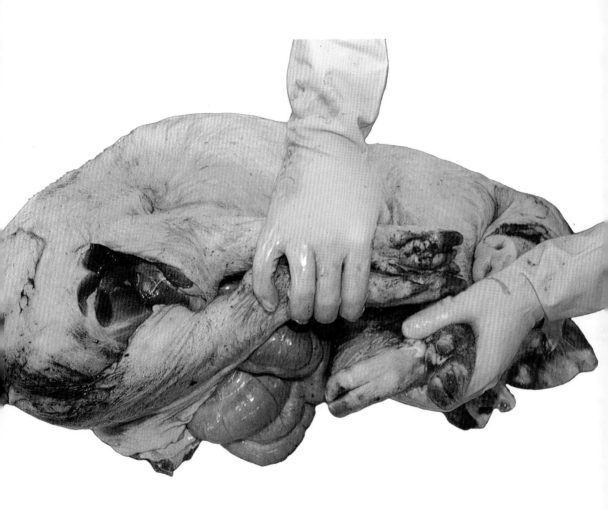

图1-23 由于剖检过程中，除了采集的样本外，没有从动物尸体上取下器官或组织结构，因此一旦尸体剖检完成且所有组织结构观察完毕后，尸体可以用裹尸袋包裹好放入合适的容器中销毁

（潘雪男 译 唐彩琰 校）

第2章 外观检查：皮肤、蹄、口鼻及其他天然孔

在进行这一部分的检查时，皮肤应视为主要的观察器官。

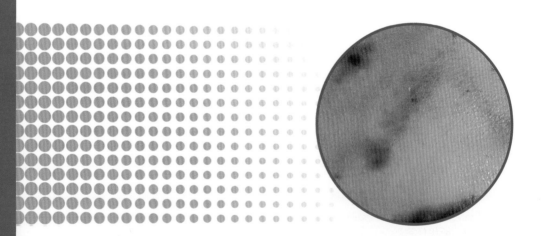

图2-1　断奶仔猪非常消瘦，脊柱和肋骨明显可见

图2-2　断奶仔猪患严重疾病，恶病质

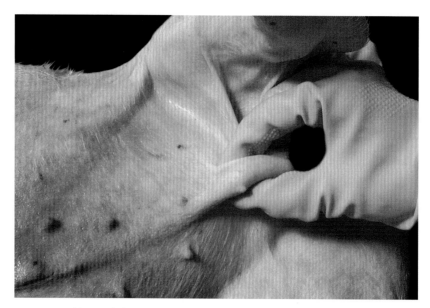

图2-3 断奶仔猪浅表腹股沟淋巴结明显肿大，易于触及。淋巴结的此类肿大可能与多种传染病有关

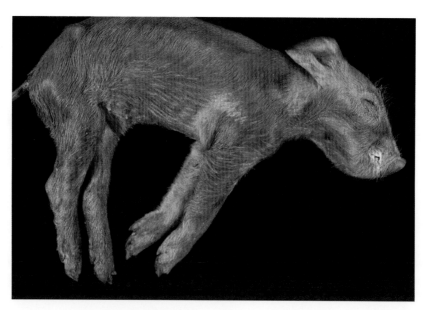

图2-4 新生仔猪因低血糖而昏迷，口吐白沫。常见于未摄入初乳的新生仔猪，体温严重下降（低体温症）

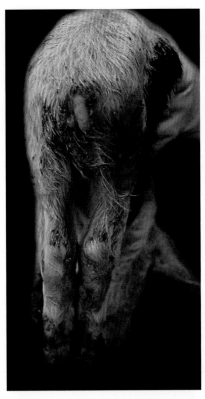

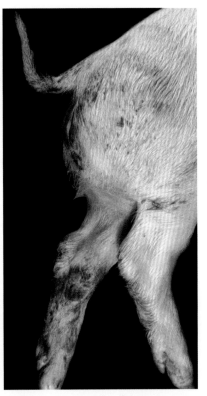

图2-5　哺乳仔猪肛门周围被水样粪便污染，可能与大肠杆菌病或其他腹泻疾病有关

图2-6　哺乳仔猪肛门周围黏附奶油状粪便，可能与球虫病有关

图2-7　哺乳仔猪肛门周围和四肢被粪便污染，可能与大肠杆菌病有关

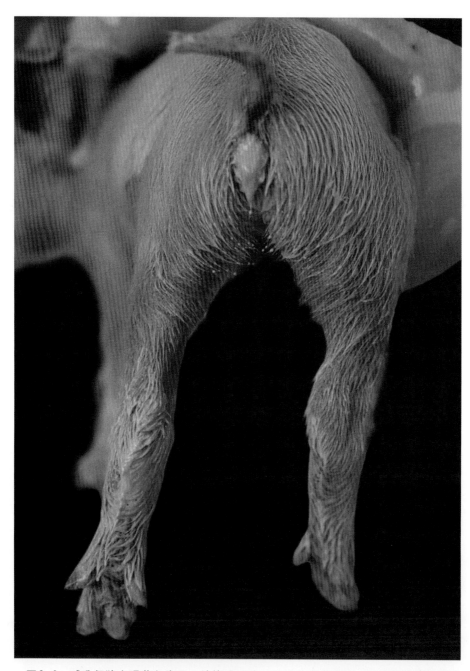

图2-8 哺乳仔猪出现黄色腹泻，并伴随呕吐。可见于病毒感染，如传染性胃肠炎或轮状病毒病等

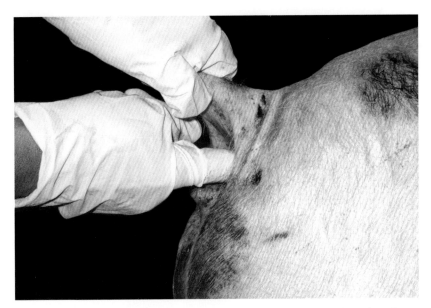

图2-9　直肠检查时手指在伸入直肠的过程中有受阻的感觉，提示直肠狭窄

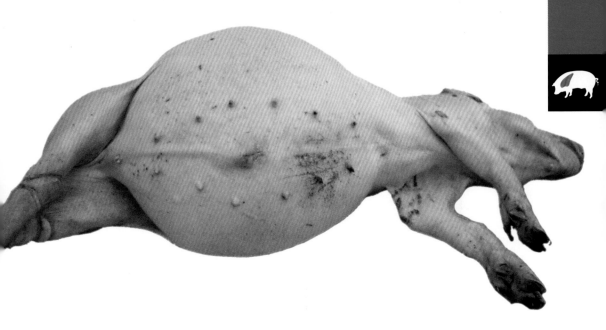

图2-10　生长猪由于直肠狭窄导致腹部严重膨胀。直肠狭窄是严重腹泻和／或直肠脱垂的一个常见的结果

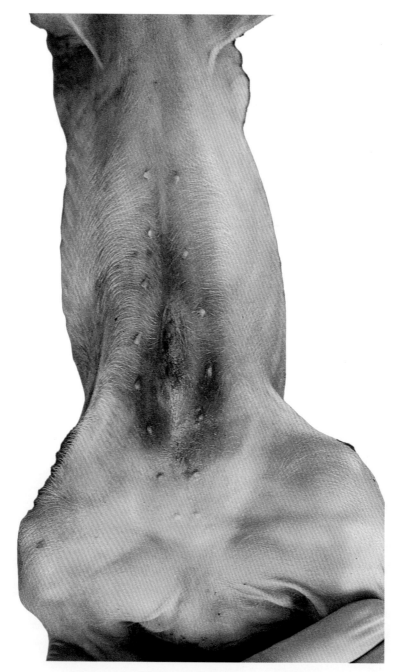

图 2-11　哺乳仔猪死亡前腹部皮肤呈现深蓝色，可能因感染 A 型产气荚膜梭菌或自溶性变化所导致

图2—12　哺乳仔猪水肿病导致仔猪出现肌阵挛性震颤或抽搐。类似症状也可见于猪伪狂犬病和链球菌病

图2—13　4周龄仔猪面部和四肢外伤

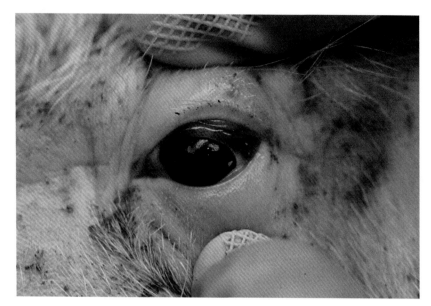

图2-14　断奶仔猪眼睑炎。可见于水肿病（内毒素性大肠杆菌病）

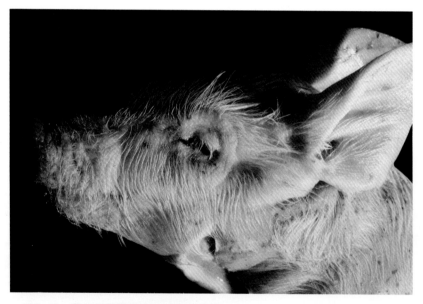

图2-15　断奶仔猪因脱水导致眼窝下陷

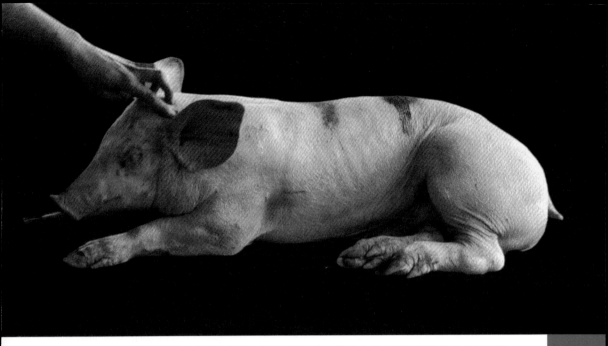

图2-16 生长猪斜卧、嗜睡和发热。可见于猪瘟，类似症状也可见于猪伪狂犬和链球菌病

图2-17 断奶仔猪萎缩性鼻炎。口、鼻部变短且异常，由萎缩性和慢性卡他性炎症所导致

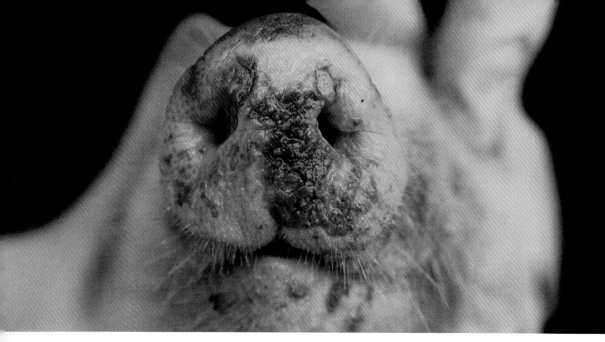

图2-18　生长猪鼻镜部溃疡和糜烂。见于猪水疱病，提示水疱易破裂，可导致糜烂或
溃疡

图2-19　生长猪鼻镜部先呈现水疱，随后出
现糜烂。这是猪水疱病的另一症状

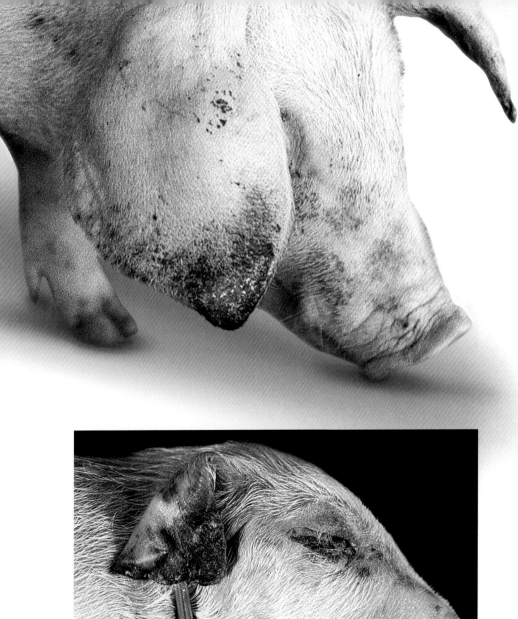

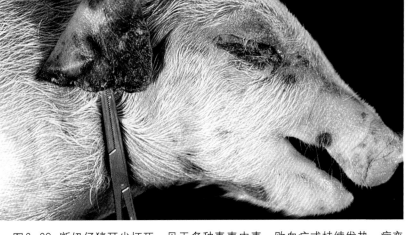

图2-20 断奶仔猪耳尖坏死，见于多种毒素中毒、败血症或持续发热。病变部位会吸引其他仔猪的撕咬，导致病情恶化

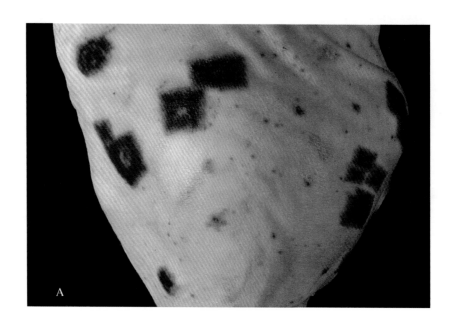

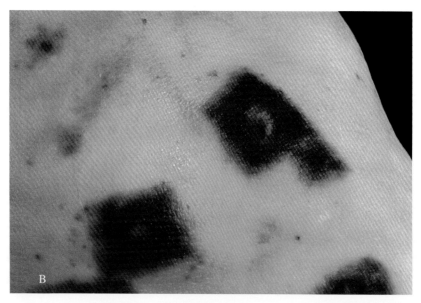

图2-21　生长猪猪丹毒。A.坏死灶和菱形出血斑构成的皮肤病变；B.病变部位放大图

图2-22　断奶仔猪多病灶性坏死性化脓性皮炎。见于葡萄球菌性皮炎。右下角为皮肤病变的局部放大图

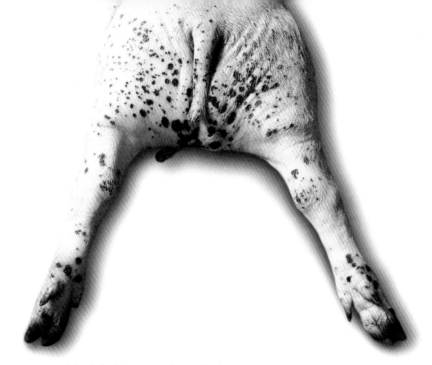

图2-23 生长猪皮肤坏死。由皮炎与肾病综合征引起。注意：浅红色或浅黑色多发性皮肤坏死病灶，病变主要分布在如图所示区域

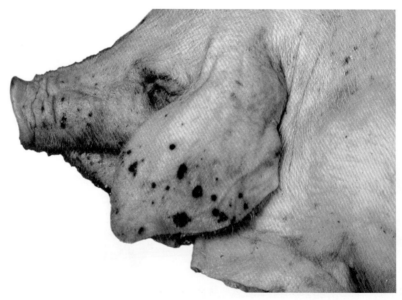

图2-24 生长猪耳部皮肤的坏死灶和水肿。见于猪皮炎与肾病综合征

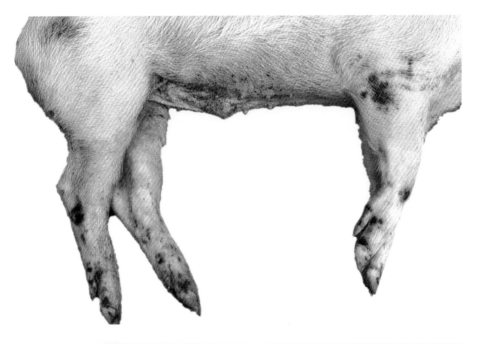

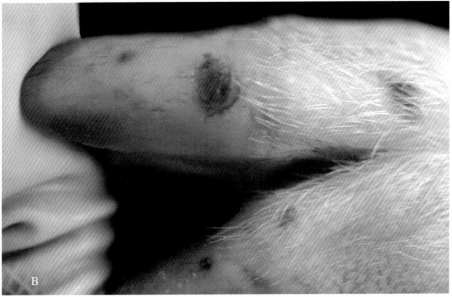

B

图2-25 A.生长猪水疱病，皮肤糜烂性和溃疡性病变，主要出现在四肢和蹄；B.蹄部的水疱性和溃疡性病灶的局部放大图。类似病变可见于猪传染性水疱病、传染性水疱性口炎、口蹄疫或化学物灼伤

图2-26 种母猪肢体局部脱毛和皮肤显著增厚。见于螨病，与疥螨感染有关

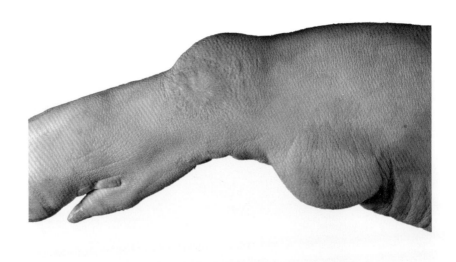

图2-27 种母猪肢体关节囊周围出现圆形肿胀。由于长期处于不适环境下导致，常与栏舍设计不合理有关

图2-28 死胎。前肢先天畸形

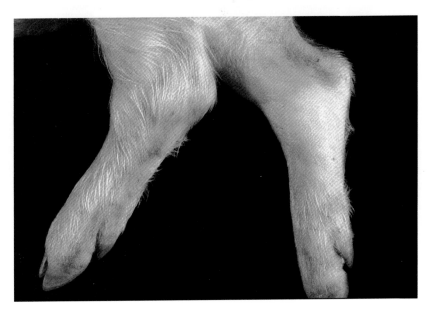

图2-29 哺乳仔猪多发性关节炎。见于葡萄球菌感染。类似病变也可见于大肠杆菌和链球菌感染

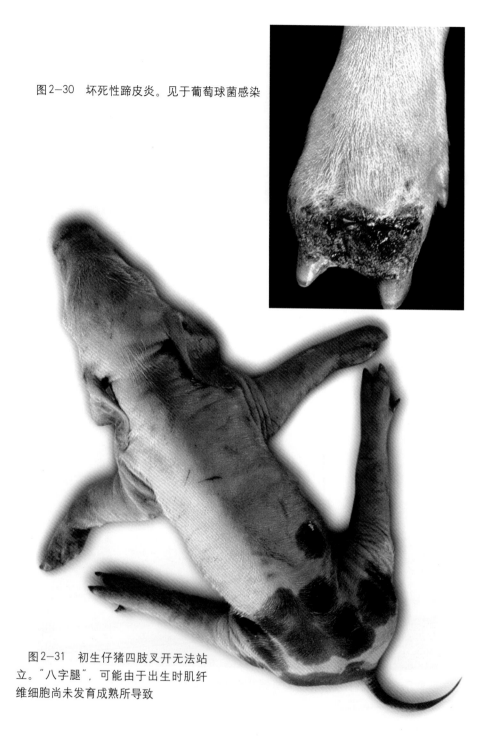

图2-30 坏死性蹄皮炎。见于葡萄球菌感染

图2-31 初生仔猪四肢叉开无法站立。"八字腿"，可能由于出生时肌纤维细胞尚未发育成熟所导致

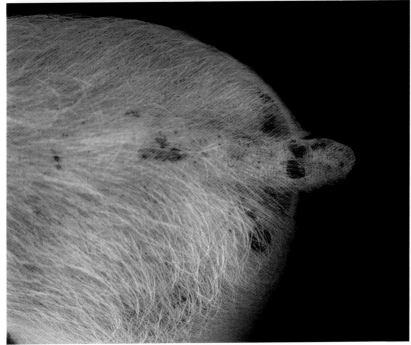

图2-32　母猪阴户周围有黏液脓性分泌物。由于子宫积脓导致

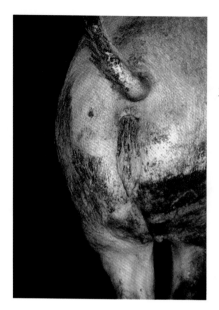

图2-33　生长猪后肢轻度跛行和肌肉组织不对称。因后肢股骨萎缩导致

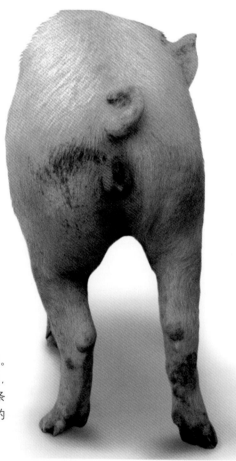

图2-34　断奶仔猪和生长猪尾部坏死。耳上出现的这种类型病变在尾部也可见到，与同一病因引起。病猪常表现为部分或整条尾巴的咬尾现象。病变通常由会引发高热的败血症所导致

（朱连德　译　曲向阳　校）

第3章　皮下组织和肌肉骨骼系统

淋巴组织尤其是淋巴结值得特别关注，因为这些组织提供的信息对大体的病理学诊断非常有意义。关节和肌肉也是多种病理过程可以引发病变的部位。

淋巴结的病变通常由来自或发生于其引流区的变化而导致的，或也可能是由于全身性病变造成的。淋巴结肿大是最主要的病变。当出现全身性的淋巴结肿大时，提示存在全身性感染。对猪来说，因肿瘤导致淋巴结肿大的情况非常罕见。在对淋巴结进行观察时，除观察其大小和形状外，还需要将其切开，以获取更多的信息。如果是进行快速检查，淋巴结需要进行矢状切开；如果要进行详细的诊断分析，则需要进行多个横向切开，且相邻的切口间要相距数毫米。淋巴结切开后，如果已经无法区分皮质和髓质，则提示发生了退行性病变或出现了肿瘤。淋巴结切面的颜色也是一个重要的评估依据，在肉眼检查中非常有意义。淋巴结颜色变红且肿大和出血常见于败血症。多个淋巴结同时出现以上病变，则表示存在严重的全身性败血症。淋巴结流出脓液，提示引流区存在化脓性病变。如果淋巴中有干酪样坏死，则可能是结核病，不过这种情况在猪上很少见到。

关节也是经常会出现病变的部位，尤其在急性炎症病例中。这种情况几乎都与能够引发败血症的细菌有关。

最后，猪的肌肉病变可能与严重的遗传问题或过度利用有关。

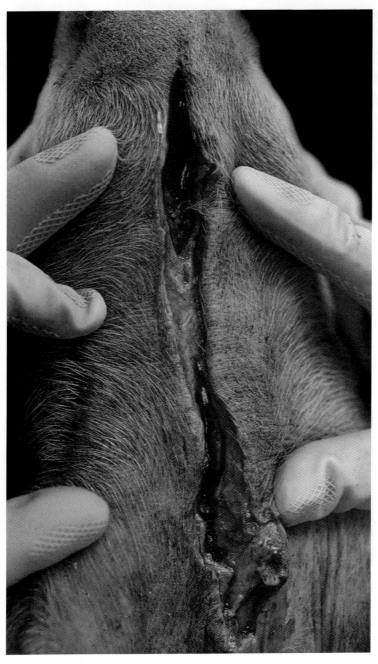

图3-1 断奶仔猪颈部皮下水肿。该仔猪在由副猪嗜血杆菌引起的
格拉泽氏病中发生了纤维素性多发性浆膜炎

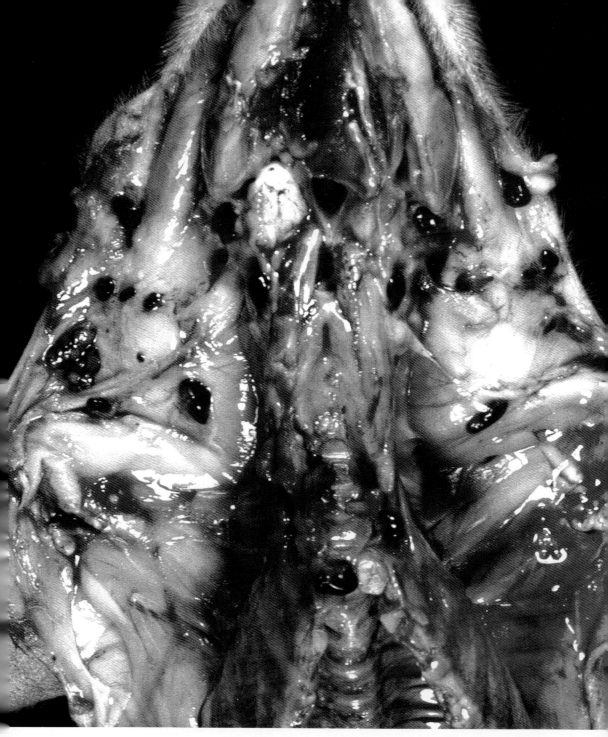

图3-2 败血症引起的哺乳仔猪淋巴结反应性增生和出血。常见于链球菌和大肠杆菌感染

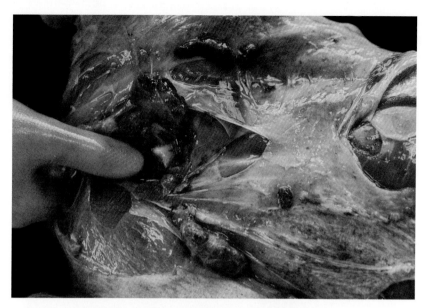

图3-3 由经典猪瘟（猪霍乱）引起的断奶仔猪淋巴结肿大和出血

图3-4 是图3-3中同一个淋巴结的切面。见于猪瘟

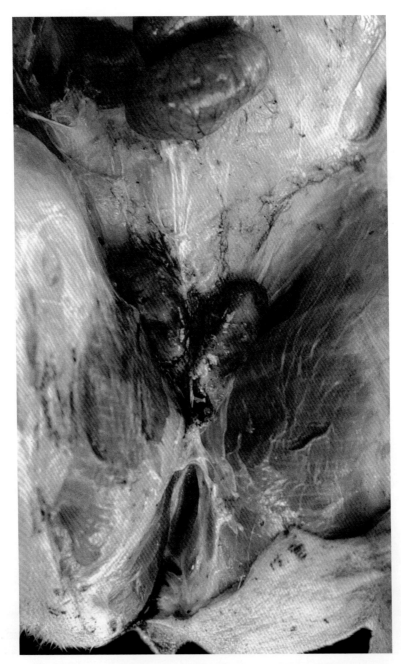

图3-5　断奶仔猪腹股沟淋巴结肿大和充血。见于猪圆环病毒病或猪繁殖与呼吸综合征

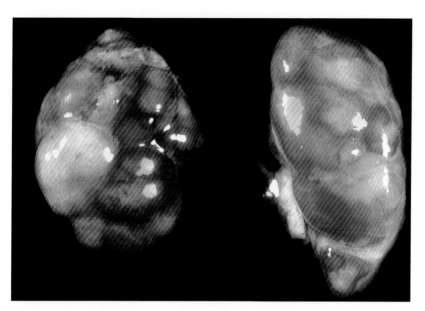

图3-6 断奶仔猪淋巴结，外观为气球样，并呈淡褐色。见于猪圆环病毒病、断奶后多系统衰竭综合征

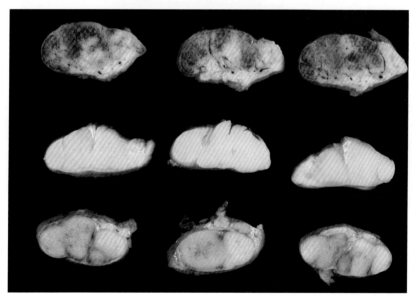

图3-7 淋巴结切面，显示为组织结构异常。见于断奶后多系统衰竭综合征

图3-8　生长猪背最长肌横切面，显示肌组织坏死，坏死灶周围组织水肿。A
为正常的肌肉组织，用于对比

A

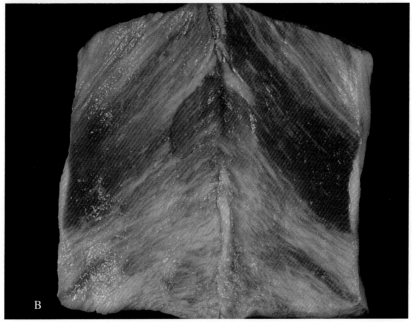

B

图3-9　生长猪背部肌肉脂肪过多、纤维变性和萎缩。为图3-8中背
最长肌坏死恢复中的状况A和B

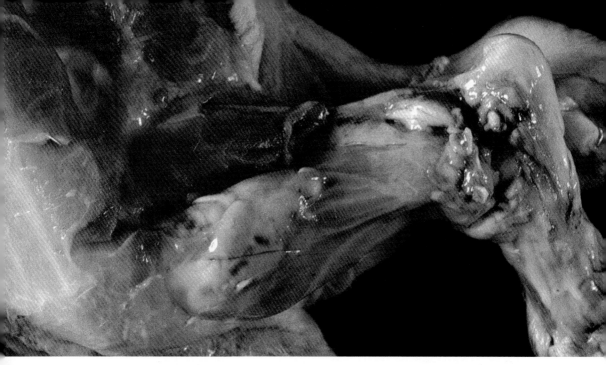

图3-10　哺乳仔猪化脓性关节炎和关节周炎。见于葡萄球菌感染

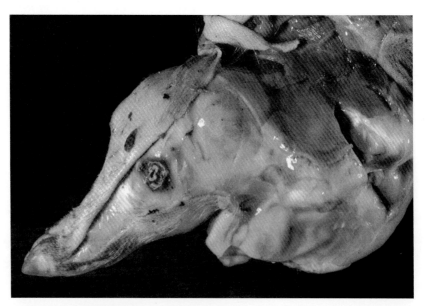

图3-11　哺乳仔猪化脓性坏死性关节炎

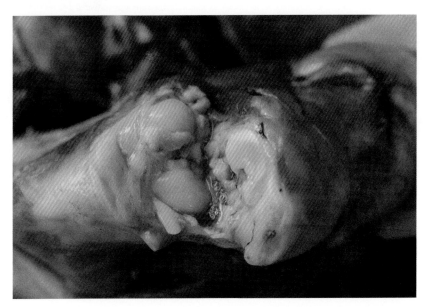

图3-12　断奶仔猪纤维素性关节炎。见于大肠杆菌和链球菌引起的败血症

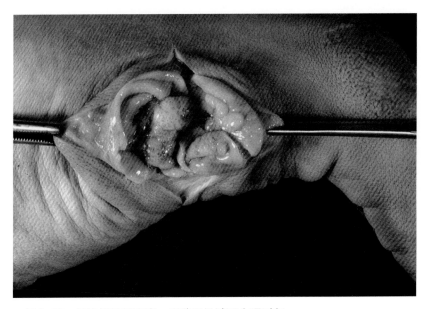

图3-13　母猪慢性滑囊炎。因猪圈设计不合理引起

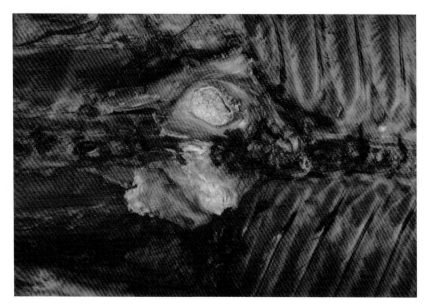

图3-14　生长猪副肋部脓肿。由尾部损伤或感染引起

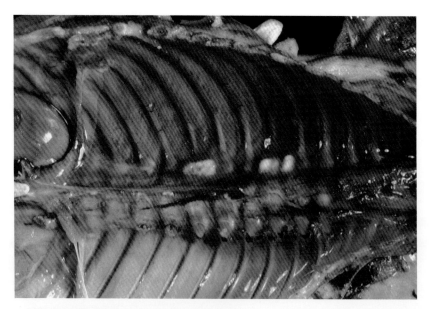

图3-15　断奶仔猪副肋部脓肿的早期病变

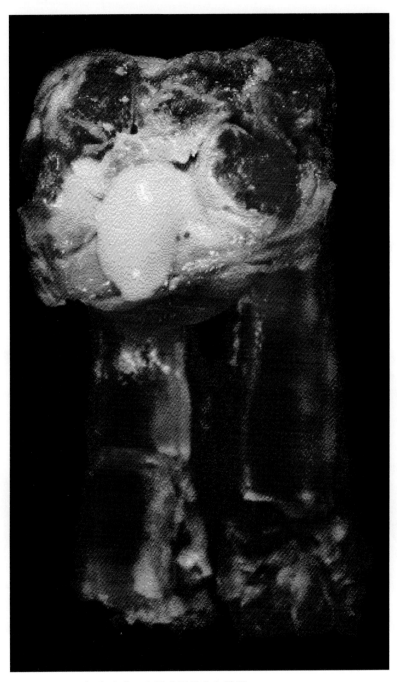

图3-16　生长猪脓肿，会影响到椎体和肋骨

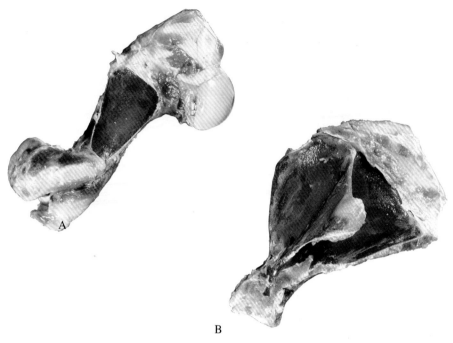

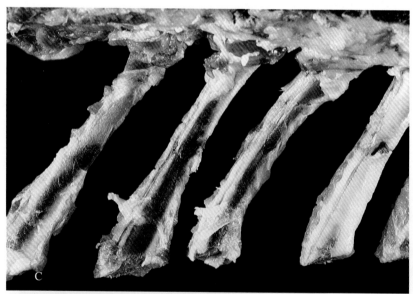

图3-17 生长猪骨血色病或骨变色，起因于血红蛋白在骨中沉着。无临床症状，偶见于屠宰场屠宰的肉猪（A、B和C）

（赵康宁 译 潘雪男 校）

第4章 颈部和胸部

在具体检查呼吸系统最常见的病变及其与特定病程间的联系之前，将简要描述不同类型的支气管肺炎的眼观病变特征，以利于鉴别。

真如本章所列出的那样，在对胸部器官进行检查时，要求首先检查心脏，然后是肺脏。心脏可能会出现许多种不同的病变，但是最为常见的还是炎症。

至于胸部其他部位的病变，则可以根据渗出物的特征来进行分类。

描述病变的专业名词，如浆液性、纤维素性、坏死性等会与急性、亚急性和慢性等词一起使用，以提示疾病处于不同的进程。

特定的炎症类型对诊断有提示作用，可能将其与某个或某些疾病联系在一起。退行性或出血性病变有时并非炎症引起，但在该器官中却往往很常见。

在对胸部器官进行观察评价的过程中，肺脏是仅次于心脏的重要器官。

与心脏病变类似，炎症在肺脏也是最为常见的病变。

——支气管肺炎的分类及其特征

肺实质炎症或肺组织炎症是指肺脏实质的炎症。尽管这两个词意思相近，但是"肺实质炎症"趋向于指急性、渗出性炎症；而肺组织炎症往往指慢性、增生性病变，偶尔用来指间质性肺炎。一般来说，当肺脏发生炎性损伤时，肺泡和呼吸道都会被波及。因此，用支气管肺炎这一术语来表达显得更加贴切。从大体病理学的角度对肺炎进行定义和分类是一项很困难的工作。下文对支气管肺炎进行的分类是基于主要的炎性渗出物的特性进行的，用来描述不同类型的病变。上述分类中各自的特征都能够通过眼观发现。鉴于本书的目的是在进行组织病变和功能紊乱的诊断时用肉眼观察它们的结构，因此微观结构在此不加以考虑。

由于急性肺炎和慢性肺炎在形态学上差异很大，因此猪发病时间是鉴别不同类型肺炎的重要依据。需要指出的是，在处理具体疾病或病理过程时，会在下述不同类型的支气管肺炎中发现一个混合的模式。

根据眼观标准，支气管肺炎有以下分类：

· 纤维蛋白性支气管肺炎

· 卡他性支气管肺炎

· 化脓性支气管肺炎

· 间质性支气管肺炎

· 肉芽肿性支气管肺炎

· 坏死性和／或坏疽性支气管肺炎

· 出血性支气管肺炎

1. 纤维素性支气管肺炎

正如其字面意思，纤维素性支气管肺炎渗出物的主要成分是纤维蛋白，可以通过以下几项眼观特征鉴别所见病变是否为纤维素性支气管肺炎。

· 主要发生于肺脏尖叶内侧和后叶的顶部，不过肺脏的其他部位也可发生。

· 病变部位呈红色或浅灰色，质地变实。可根据病变颜色判断病程所处的阶段，急性病程呈暗红色，亚急性或慢性纤维素性支气管肺炎的病变颜色一般呈灰红色或灰色。

· 病变组织浮沉检验阳性。即将病变组织置于水中，由于其不含空气会下沉于水。

·在肺炎急性阶段或急性病例中，肺脏切面湿润，有液体流出；然而，在亚急性和慢性病例中，肺脏切面干燥。

·病变通常会波及胸膜。此时应称为胸膜肺炎。在急性阶段，胸膜表面有絮状甚至片状的纤维蛋白渗出，易于剥离。在慢性病例或病程后期，纤维渗出呈灰白色，难剥离。

这些基本的形态学变化有时会呈现出更加复杂的形式，如坏死或坏疽。

2. 卡他性支气管肺炎

卡他性支气管肺炎的主要特征：
·炎性病灶位于尖叶内侧和后叶顶部。有时呈现多发性病灶或甚至累及整个肺叶。

·在急性阶段，病变呈暗红色，质地变实；在慢性或亚急性病例病中，病变颜色偏紫色。

·病变区域浮沉检验阳性。

·在所有病变阶段肺脏切面都表现湿润，支气管部位尤为明显。在疾病早期，支气管有浆液样液体流出；当病程转为亚急性或慢性时，有黏液性或黏液脓性炎性渗出。因此，该类型肺炎常常称为卡他性－化脓性支气管肺炎。

·病变通常不波及胸膜。

3. 化脓性支气管肺炎

当渗出物为脓液时，支气管肺炎称为化脓性支气管肺炎。

最常见的化脓性支气管肺炎是由卡他性支气管肺炎的呼吸道呈现出脓液演变而来。肺脏的化脓性炎症也可能表现为脓肿。

4. 间质性支气管肺炎

间质性支气管肺炎的特征是渗出和增生性炎症，主要发生于肺泡壁或肺脏的间质。

·这种类型的肺炎病灶呈弥漫性分布，也就是说，病灶同时分布于整个肺叶。

·急性阶段可能有渗出性肺炎的眼观特点，肺脏的红色病变区域切面湿润。此时很难从眼观鉴别，需要进一步进行组织病理学观察，以确定是否为间质性支气管肺炎。然而，特定的信息偶尔可用来判定是否为急性间质性肺炎的病变，如间质性支气管肺炎的红色区域不单单局限于肺脏的心叶。

·处于慢性经过或慢性期的间质性肺炎，呈现出一系列容易诊断的眼观病变。组织学上，纤维组织增多、单核细胞聚集、平滑肌细胞增生。这些病理变化可通过显微镜观察到，也解释了在慢性间质性肺炎的肺脏中新的眼观病变特征，这些特征包括：①胸腔打开后肺脏不塌陷；②整个肺脏呈白色或灰色；③肺脏坚实或有弹性；④肺脏切面及表面一致；⑤浮沉检测呈中性，即肺脏半浮于水，不完全下沉。

5. 肉芽肿性支气管肺炎

肉芽肿性支气管肺炎的出现与很多种病原有关，很难为所有的肉芽肿性支气管肺炎总结出统一的眼观病变标准，通常诊断借助微观病变进行。一般而言，肉芽肿性支气管炎可检测到结核型病原、肺霉菌病、肺寄生虫和吸入性饲料颗粒。

6. 坏死性和／或坏疽性支气管肺炎

肺坏死可能发生于肺炎病灶的并发感染，或起因于吸入或创伤导致的腐生性细菌的渗入。病变肺脏呈绿色或黑色，含有恶臭污秽的液体。

一些细菌感染也能导致坏死，这类坏死通常与其他损伤有关。例如，猪胸膜肺炎放线菌或多杀性巴氏杆菌引起凝血，进而导致坏死性损伤，病变偏白色，质地更加柔软。分枝杆菌可同时导致肉芽肿性和干酪样坏死。

7. 出血性支气管肺炎

出血性支气管肺炎的特征是渗出物中有血或感染区域出血。其通常是急性和非常严重的损伤。

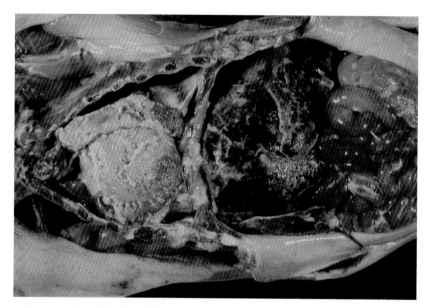

图4-1　断奶仔猪多发性浆膜炎中的纤维素性心包炎。见于格拉泽氏病或副猪嗜血杆菌病

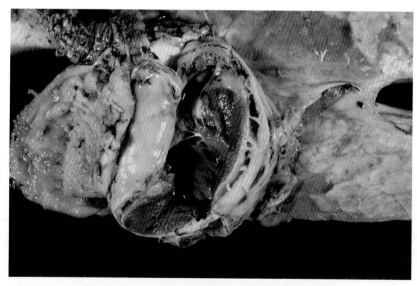

图4-2　生长猪心包纤维化融合。纤维素性心包炎愈合后的病变

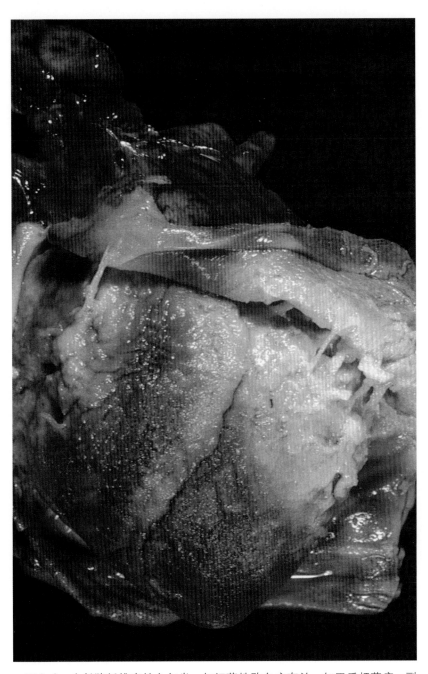

图4-3　生长猪纤维素性心包炎。与细菌性败血症有关，如巴氏杆菌病、副
猪嗜血杆菌病或链球菌病

图4-4　断奶仔猪急性猪瘟中的心外膜出血。该病变也可能与其他败血性疾病相关，如猪败血性沙门氏菌病

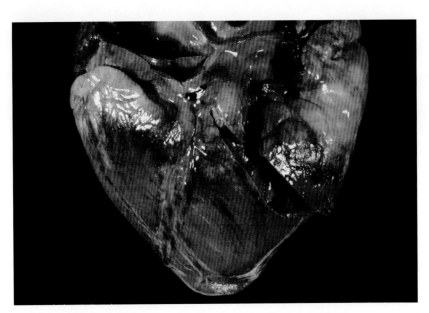

图4-5　母猪心外膜出血。与子宫积脓引发的细菌性败血症相关

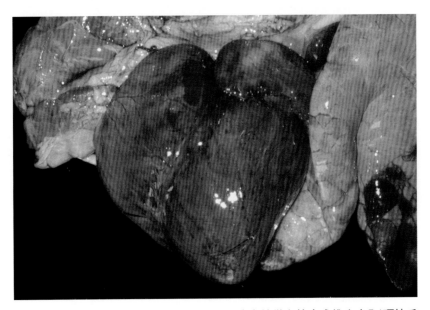

图4-6　断奶仔猪心外膜出血、水肿。由饮食性微血管病或维生素E／硒缺乏导致（桑椹心病）

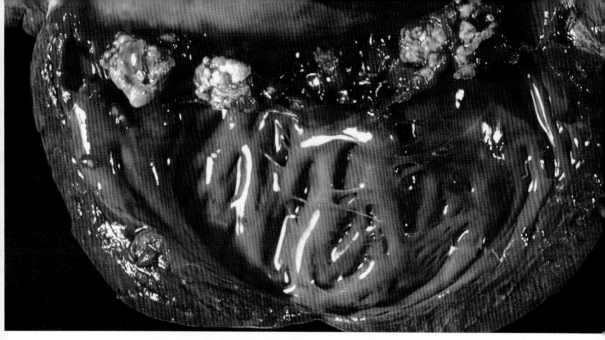

图4-7　生长猪疣状心内膜炎。与猪丹毒有关

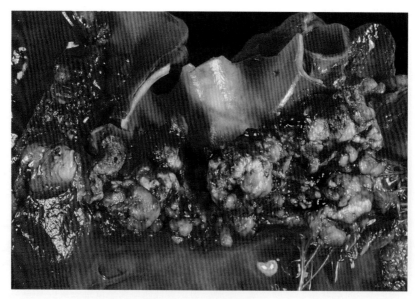

图4-8　生长猪疣状心内膜炎。见于猪链球菌病

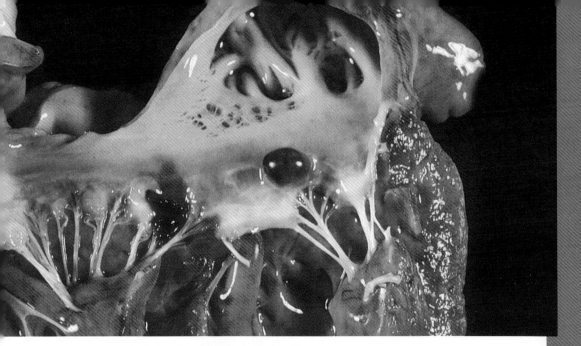

图4-9　保育猪先天性瓣膜囊肿，无临床症状

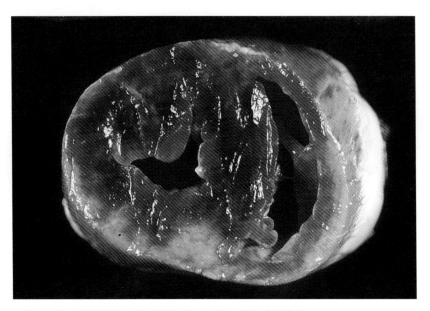

图4-10　断奶仔猪心肌透明变性。可能与营养失调有关

A

B

图4-11 生长猪吸入性出血。肺脏表面出现许多出血点和出血斑，切面也看见类似的
出血点。气管、支气管中可见明显的凝血块（A和B）

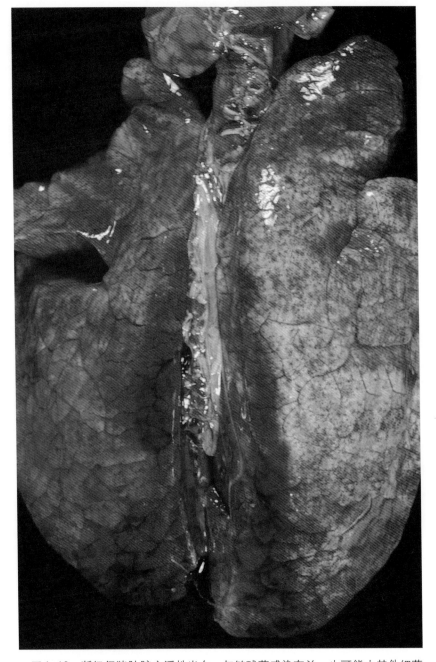

图4-12　断奶仔猪肺脏广泛性出血。与链球菌感染有关，也可能由其他细菌或病毒引起性的败血症有关

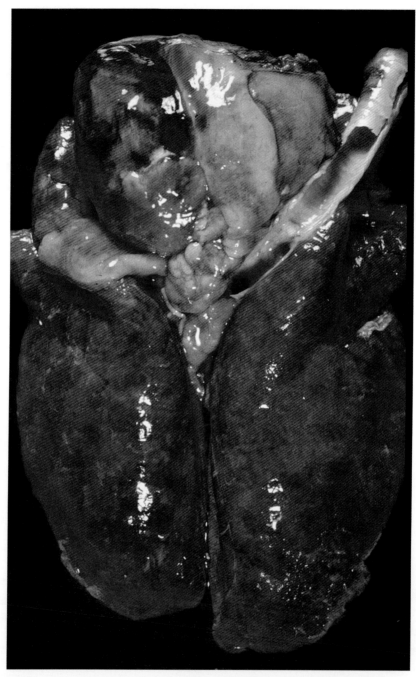

图4-13 断奶仔猪急性纤维素性胸膜炎和心包炎。与支原体感染有关

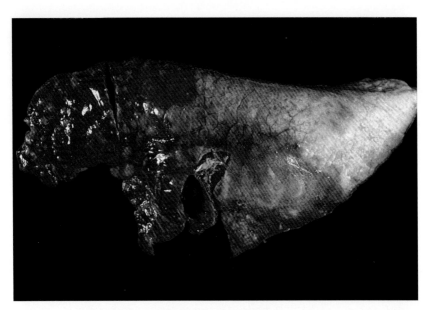

图4-14 断奶仔猪急性纤维素性坏死性支气管肺炎。与多杀性巴氏杆菌感染
有关

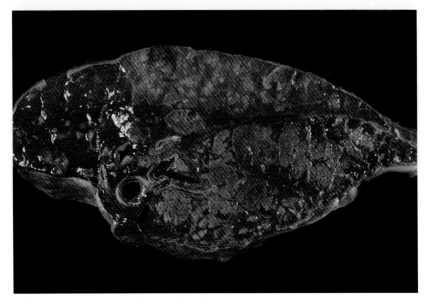

图4-15 断奶仔猪急性纤维素性坏死性支气管肺炎的肺脏切面。注意：感染
区域扩大，坏死灶呈白色，病变与多杀性巴氏杆菌感染有关

图4-16　生长猪支气管肺炎和急性纤维素性胸膜炎。见于急性巴氏杆菌病

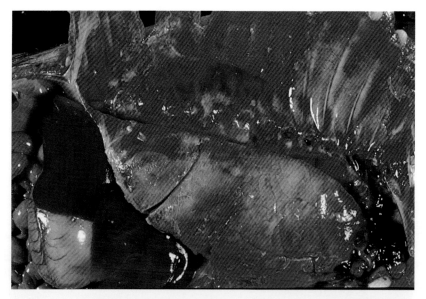

图4-17　生长猪急性纤维素性支气管肺炎。右侧肺脏的背部和尾部出现严重的急性纤维素性胸膜炎。急性病变与猪胸膜肺炎放线杆菌有关（猪传染性胸膜肺炎）

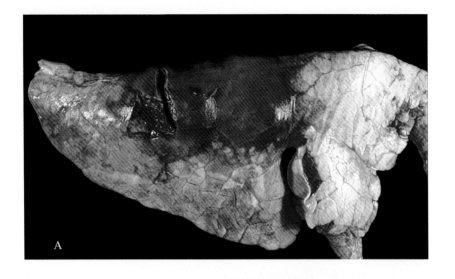

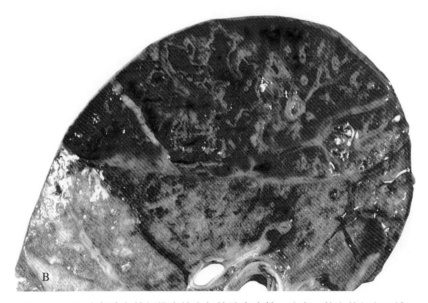

图4-18 A.生长猪急性纤维素性支气管肺炎病灶。注意：扩大的红色区域，提示胸膜炎。B.A图肺脏的病变区切面。急性坏死性和纤维素性出血性支气管肺炎。坏死灶周围有白色分界线。急性病变与猪胸膜肺炎放线杆菌有关（猪传染性胸膜肺炎）

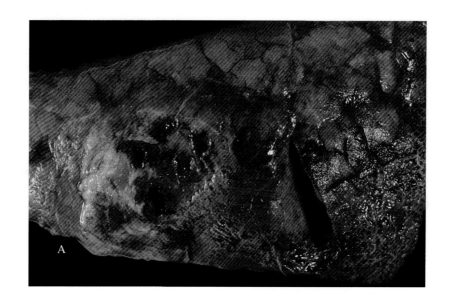

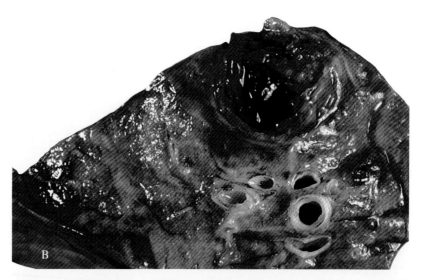

图4-19 生长猪肺脏。A.亚急性-慢性纤维素性胸膜炎病灶；B.上述病灶的切面，红-白结节被一薄层结缔组织包裹。坏死灶分界明显，将会钙化。病变与猪胸膜肺炎放线杆菌有关（猪传染性胸膜肺炎）

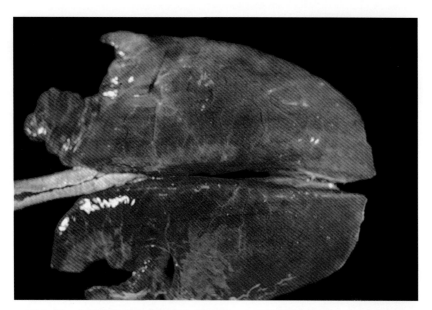

图4-20　生长猪急性卡他性支气管肺炎：小叶间隙明显水肿。病变与猪流感有关

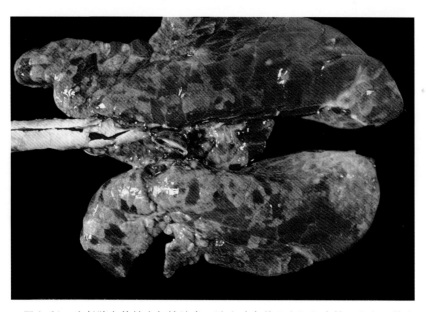

图4-21　生长猪卡他性支气管肺炎。肺小叶有若干个红色病灶，分布于整个肺表面。病变与猪流感有关

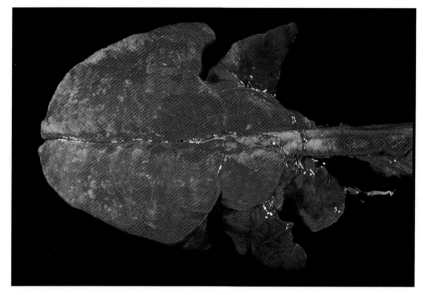

图4-22 保育猪急性卡他性支气管肺炎。肺脏颅腹侧严重变红。病变与冠状病毒和细菌感染有关

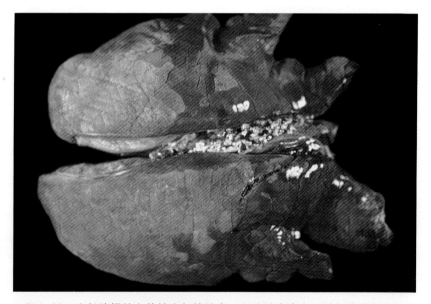

图4-23 生长猪慢性卡他性支气管肺炎。大片肺炎病变区域与猪地方流行性肺炎（气喘病）有关（猪肺炎支原体＋多杀性巴氏杆菌）

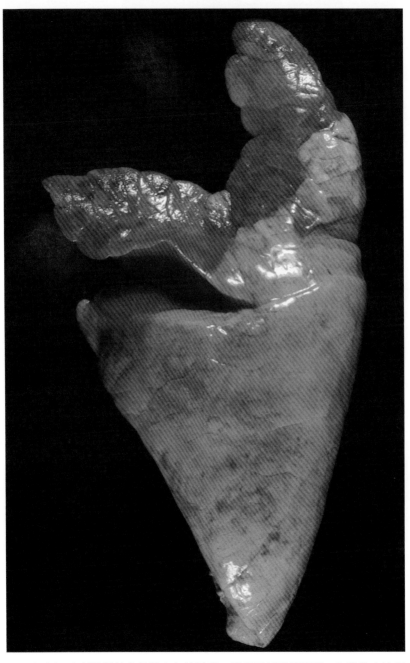

图4-24　生长猪慢性卡他性支气管肺炎，肺炎区域界线明显。与猪地方流行性肺炎（气喘病）有关（猪肺炎支原体＋多杀性巴氏杆菌）

图4-25 生长猪慢性卡他性支气管肺炎，病变呈多病灶散在分布，最大的病变位于心叶颅腹侧。病变与猪地方流行性肺炎有关

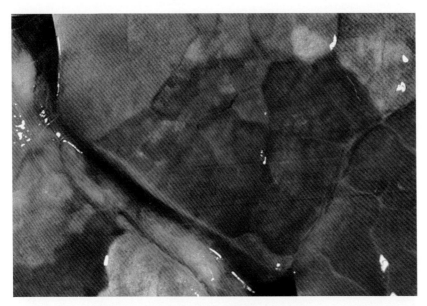

图4-26 生长猪慢性卡他性支气管肺炎病变部放大照片。红-灰色病变区域通常局限在一定的小叶内。照片中也显示有白色病灶，是扩张的支气管，内包含大量的黏液和脓液。病变与地方流行性肺炎有关

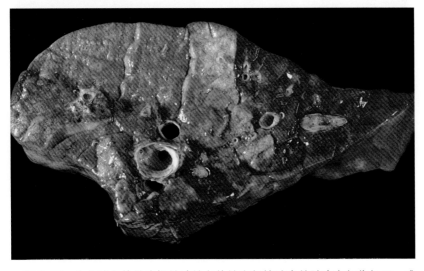

图4-27 生长猪卡他性或慢性脓性卡他性支气管肺炎的肺病变部位切面。感染区域体积减小，切面流出黏液性脓性液体。与地方流行性肺炎有关

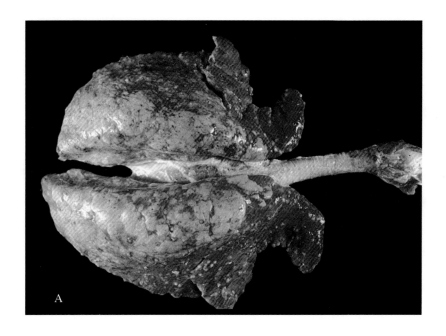

图4-28 生长猪脓肿病灶散布在整个肺脏。与由身体其他部位的脓性病变引发的细菌性栓子有关。也可见于猪地方性肺炎的特征性病变（A和B）

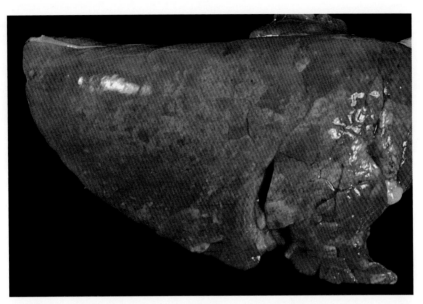

图4-29　断奶仔猪慢性间质性支气管肺炎。病变与猪繁殖与呼吸综合征病毒感染有关

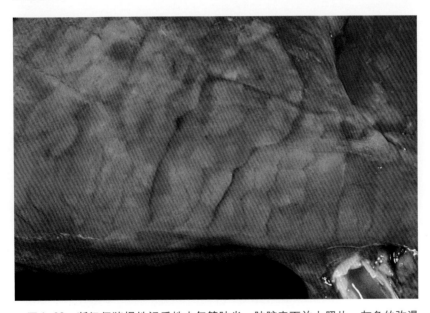

图4-30　断奶仔猪慢性间质性支气管肺炎。肺脏表面放大照片，灰色的弥漫性区域，颜色比正常肺脏稍微浅，不塌陷。病变与猪繁殖与呼吸综合征病毒感染有关

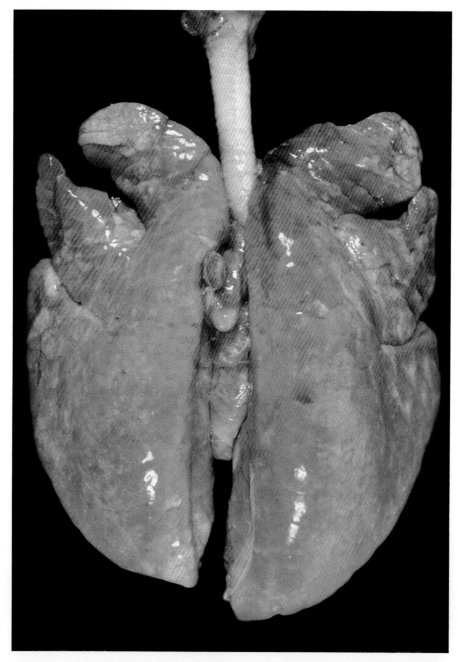

图4-31　断奶仔猪慢性间质性支气管肺炎。整个肺脏体积增大、颜色变浅，有些区域灰色。病变与猪繁殖与呼吸综合征病毒感染有关

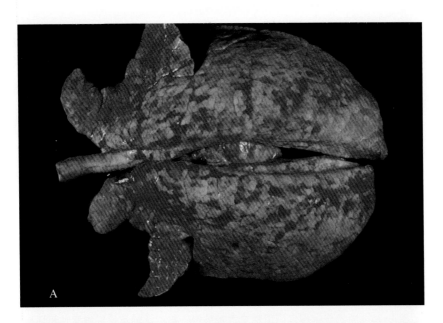

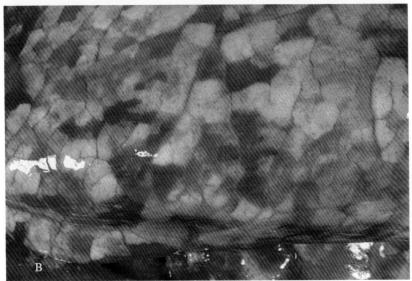

图4-32 A.断奶仔猪慢性间质性支气管肺炎。肺脏体积增大，不会塌陷，红色或灰红色区域散在分布于整个肺脏。B.A病变的照片局部放大。病变与猪繁殖与呼吸综合征病毒感染有关

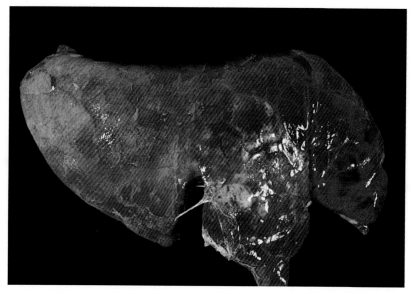

图4-33 断奶仔猪慢性间质性支气管肺炎。与广泛的急性纤维素性和坏死性支气管肺炎有关。由猪繁殖与呼吸综合征病毒感染并发巴氏杆菌感染导致

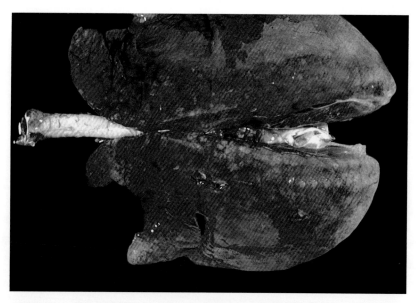

图4-34 断奶仔猪慢性间质性支气管肺炎，并发坏死性化脓性支气管肺炎。由猪繁殖与呼吸综合征病毒和链球菌混合感染导致

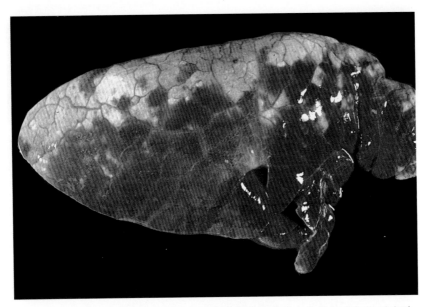

图4-35　断奶仔猪慢性间质性支气管肺炎并发急性卡他性肺炎和间质水肿。由猪繁殖与呼吸综合征病毒与波氏杆菌混合感染导致

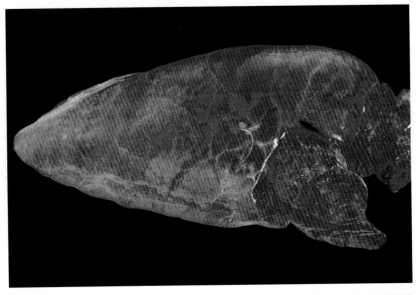

图4-36　断奶仔猪慢性间质性支气管肺炎并发急性出血性和坏死性纤维素性肺炎。由猪繁殖与呼吸综合征病毒和放线杆菌混合感染导致

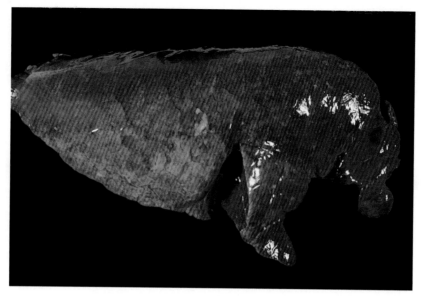

图4-37　生长猪广泛性急性坏死性和纤维素性支气管肺炎。由伪狂犬病病毒
和放线杆菌混合感染导致

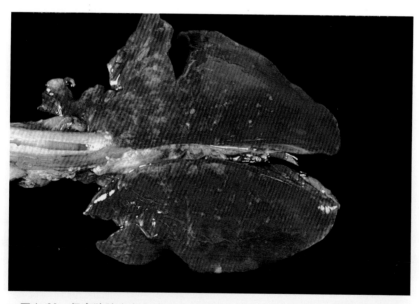

图4-38　保育猪肺瘀血和肺水肿，表面有白色点状坏死灶。由猪伪狂犬病病
毒感染导致

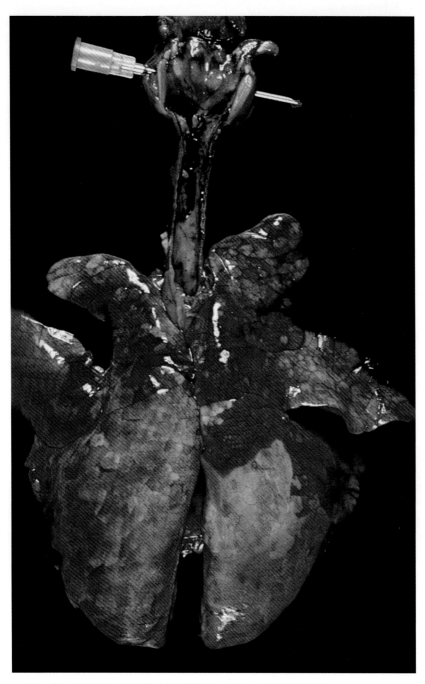

图4-39 保育猪肉芽肿性支气管肺炎。吸入口服铁制剂导致

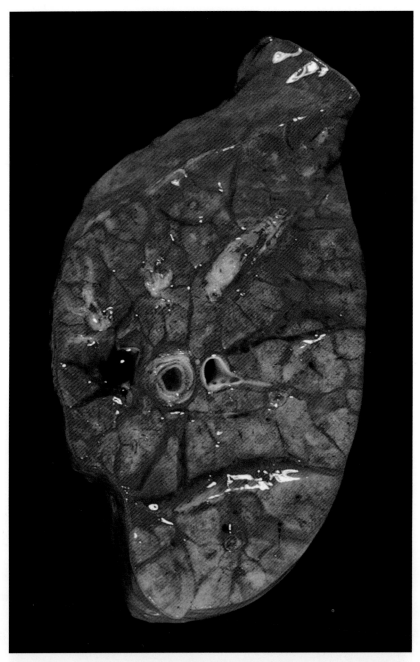

图4-40　生长猪小叶间质水肿。肺脏切面可见大量胶冻样和水样的液体存在于肺小叶间。这种非特异性的损伤通常与炎性疾病有关

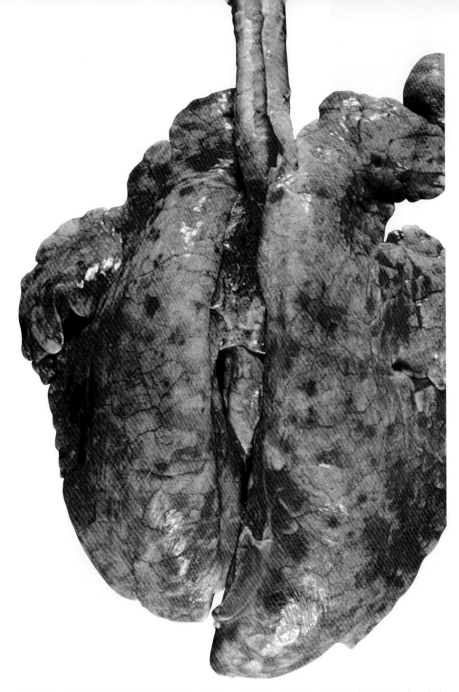

图4-41 母猪肉芽肿性支气管肺炎。注意：分布于整个肺脏表面的浅灰色区域。病变发生与圆线虫幼虫迁移有关

（神翠翠译 李 鹏校）

第5章 腹部：消化道

正确鉴别胃肠道和腹腔的病理变化对疾病诊断非常重要。由于尸体剖检具有一定的局限性，因此它不能取代样本采集，因为后者可进行正确的鉴别，尤其在临床进程不太确切的病例中，采集样本进行实验室检测可以确定病原。在确定病变与具体疾病过程的关联之前，先对病理变化及其眼观变化特征作一个回顾。

——胃炎

1. 急性胃炎

临床表现为呕吐、恶心、厌食和腹痛。可根据以下几种不同的病变类型进行分类：

· 卡他性胃炎：眼观可见胃黏膜充血（鲜红色）和肿胀（水肿），大量浆液黏液性渗出，偶尔有少量出血。在多数情况下，需要进行组织病理学观察以确定是否为炎症，因为循环功能紊乱、死后变化和消化程度等可能会呈现出与卡他性胃炎相似的表现。导致卡他性胃炎的病因多样，有应激、有毒物、异物、腐蚀物、热或冷、传染病和毒性感染等。

· 出血性胃炎：胃黏膜出血，红细胞从黏膜渗出和／或从黏膜糜烂处流入胃腔中，黏膜充血，胃壁血迹浸润，呈卡他性炎症变化。可见于梭菌病和大肠杆菌败血症。

· 纤维素性或假膜性胃炎：胃黏膜表面覆盖着一薄层凝结的纤维蛋白，通常呈浅黄色。偶尔可见于猪瘟继发细菌感染的病例。

· 坏死性－假白喉胃炎：表现为黏膜层存在或深或浅的坏死，病变表面被一层沉淀的纤维蛋白覆盖。见于仔猪坏死杆菌病（坏死梭杆菌病）、产气荚膜梭菌导致的胃肠炎和其他摄入腐蚀性物质（砷化物或二氧化硫）引发的病例。

2. 慢性胃炎

通常是由复发性急性胃炎导致。病变通常没有充血，或有很分散的充血，黏膜由于持续性的黏液分泌过多而水肿。

以下两种为特殊类型：

· 肥厚性慢性胃炎：可发生于整个胃黏膜（弥漫性）或仅存在于幽门部。黏膜增厚（腺体肥大）、奶油白色、多处褶皱减少、质地变硬，黏膜表面覆盖浓稠的黏液。偶见幽门部位由于黏液滞留而出现囊肿。黏膜层可能会出现有蒂或无蒂息肉，朝胃腔内生长。

· 萎缩性慢性胃炎：猪极少发生本病。黏膜呈灰棕色，表面平整。肉眼可见胃腺体细胞明显减少。

3.猪食管-胃溃疡

食管-胃溃疡在猪群中很常见。溃疡只发生于贲门部，会导致患病猪食欲不振、生长滞后、贫血和由于严重出血而猝死（黑色焦油样粪便）。在大多数病例中，胃内没有食物，但可观察到大量凝血块。肠道前段血量不一。病因不清，可能与以下因素有关：

- 胃的食道部上皮不全性增生，见于某些品种（**遗传易感性**）。
- 饲料蛋白质含量不足，但是富含不饱和脂肪酸。
- 所喂的颗粒料研磨过细。
- 维生素E缺乏。
- 神经性因素（应激）。
- 禁食（强迫性和／或持续时间过长的）。

——肠炎

1.卡他性肠炎（急性、亚急性和慢性）

·急性卡他性肠炎　可通过充血、积液（普遍的血管现象）和肠道黏膜浆液黏液性渗出加以鉴别。肠内容物未消化，呈水样（无定形内容物），肠系膜淋巴结出现单纯的急性淋巴结炎（肿大、瘀血和水肿）。

水样腹泻是本类型肠炎最常见的表现（脱水等）。急性卡他性肠炎见于大肠杆菌病、轮状病毒和冠状病毒导致的病毒性肠炎、猪传染性胃肠炎、球虫病、贾第鞭毛虫病和隐孢子虫病。

·亚急性卡他性肠炎　可见更大量的浆液黏液性渗出、不太严重的充血和黏膜水肿。本类型肠炎的临床特征包括水样或油脂样腹泻，导致脱水和吸收障碍的混合表现。常见于寄生虫病和肠道菌群失调症。

·慢性卡他性肠炎　肠管瘀血和水肿不明显或不出现。主要表现为细胞变化，肠黏膜和肠壁增厚。肠系膜淋巴结变大（肿大）并有血迹，但是通常不发生充血。本类型肠炎一般由急性卡他性肠炎发展而来或直接由几种肠道寄生虫病导致。患慢性肠炎的病猪粪便呈焦油样、有间歇性腹泻和吸收障碍综合征。慢性卡他性肠炎偶尔会有非常特殊的表现：肥厚性慢性卡他性肠炎特征是黏膜显著增厚，表面有黏稠的黏液，偶尔出现息肉；萎缩性慢性卡他性肠炎表现出黏膜和肠壁非常薄。

2.出血性肠炎

特征是肠腔中出现血液，黏膜急性坏死和肠黏膜缺血。本类型肠炎通常见于仔猪肠毒血症、急性沙门氏菌病芯片、炭疽、猪痢疾和某些型的增生性肠炎。

3.纤维素性肠炎（假膜性肠炎）

特征是黏膜表面覆盖有淡黄色（有时呈棕色或灰色）的纤维素性膜，此膜能够轻易剥离，偶尔随粪便排出体外。本类型肠炎也可见于仔猪肠毒血症的后遗症病例中。

4.坏死性-假白喉肠炎

特征是肠黏膜严重的深层坏死，并有纤维性渗出物。坏死灶深入黏膜下层，并伴有派伊尔氏淋巴结溃疡。本类型肠炎常见于（慢性型）猪瘟、慢性沙门氏菌病、痢疾（特别是由结肠小袋纤毛虫继发的感染）和增生性肠炎。

5.肉芽肿性肠炎

肉芽肿性肠炎是慢性肠炎在某些慢性进行性疾病过程中的表现形式。特征是黏膜增厚，偶尔形成褶皱，引起营养吸收减少，进而导致患猪进行性消瘦和精神萎靡。眼观检查时容易与慢性卡他性肠炎混淆，但是通过组织病理学诊断观察肉芽肿性肠炎的炎症组成，可进行鉴别。本类型肠炎在猪群中不常见，可见于结核病和肠道寄生虫病。

——直肠狭窄

直肠组织先出现坏死、结构破坏，随后肠壁出现严重的硬化，进而导致肠腔狭窄。见于一些发生过严重肠道疾病的猪场，以及曾出现直肠脱垂的患病猪。患病猪表现出慢性便秘和生长阻滞。

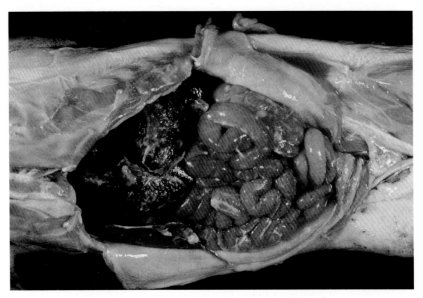

图5-1 断奶仔猪纤维素素性腹膜炎，肠袢和肝表面覆盖淡黄色凝集物质（纤维蛋白）。见于副猪嗜血杆菌病。类似病变可见于猪链球菌感染

图5-2 断奶-生长猪纤维素性腹膜炎，肝表面和肠袢间可见纤维素性物质。见于副猪嗜血杆菌病

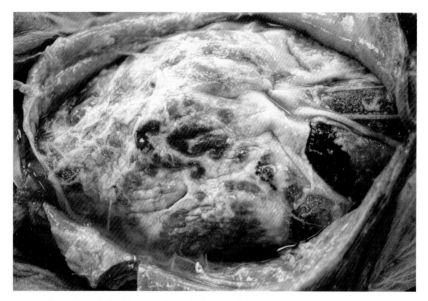

图5-3　断奶猪浆液纤维素性腹膜炎，腹腔内可见大量纤维蛋白和透明液体。见于副猪嗜血杆菌和猪链球菌混合感染

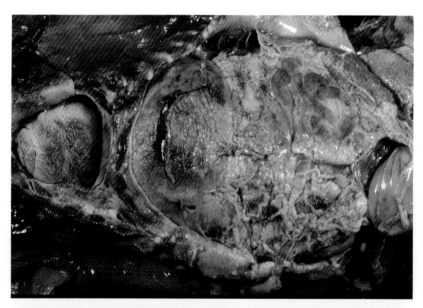

图5-4　断奶-生长猪脓性纤维蛋白腹膜炎，腹腔内有大量纤维蛋白样物质。该病猪同时也表现出多发性关节炎和脓性纤维蛋白脑膜炎。在链球菌感染引起的病例中，可见到比副猪嗜血杆菌病猪更多的腹腔分泌液和更脏，或者说更多脓性物出现

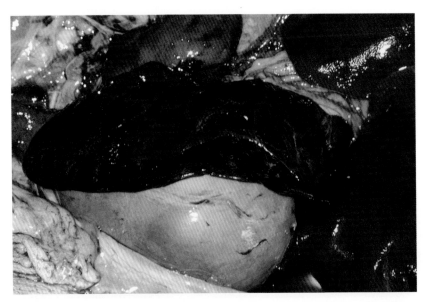

图5-5 脾扭转。由静脉阻塞引起的罕见病变，特征为脾脏肿大和极度瘀血，可导致任何年龄的猪猝死

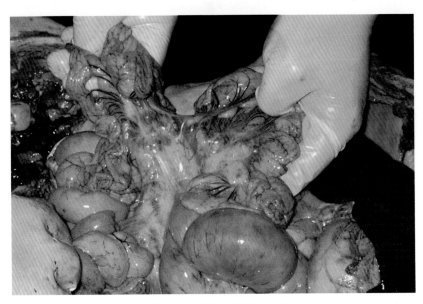

图5-6 断奶仔猪或生长猪：肠系膜淋巴结肿大。常发于由猪圆环病毒2型感染引起的断奶后多系统衰竭综合征的断奶仔猪或生长猪

图5-7 断奶仔猪：胃、肝淋巴结梗死。注意：胃小弯肿大和胃与肝淋巴结出血。常见于急性猪瘟

图5-8 胃、肝淋巴结梗死（上图放大）。注意：淋巴结肿大和呈深红色（梗死）。该病变是猪瘟的典型病变，但细菌败血症也可造成淋巴结的此类病变

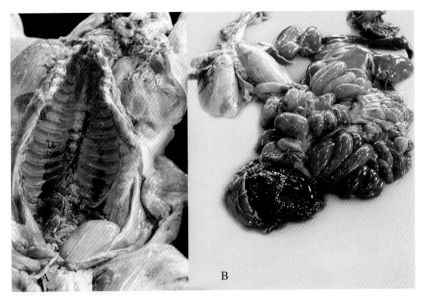

图5-9　胃溃疡。生长猪突然死亡，出现全身性贫血和胃中有大块血液凝块A
和B

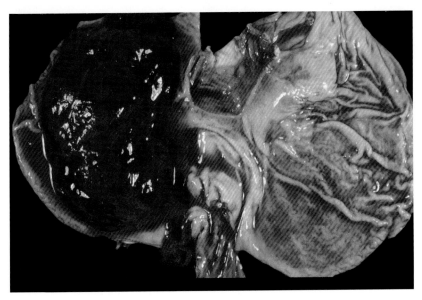

图5-10　胃溃疡。生长猪胃内有大块血液凝块，胃里没有食物

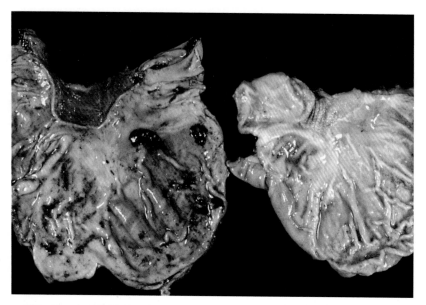

图5-11　生长猪的胃对比图。左侧图中胃贲门部出现胃溃疡并有血块残留，右侧图为正常胃

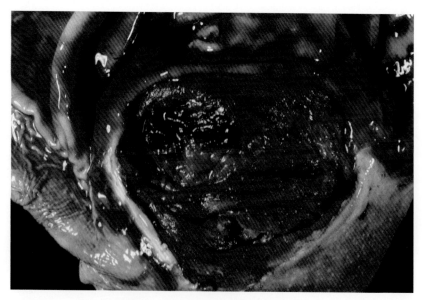

图5-12　猝死生长猪的胃。贲门附近胃溃疡局部放大图

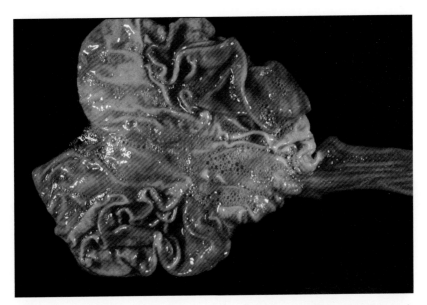

图5-13　断奶仔猪：卡他性胃炎。注意：黏膜肿胀、过量黏液和胃底部轻度瘀血。见于内毒素性大肠杆菌病

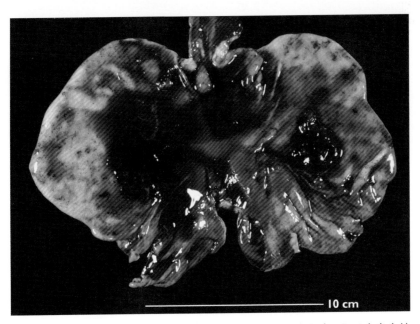

图5-14　断奶仔猪：出血性胃炎。胃腔内有血块、胃壁水肿。见于内毒素性和败血性大肠杆菌病

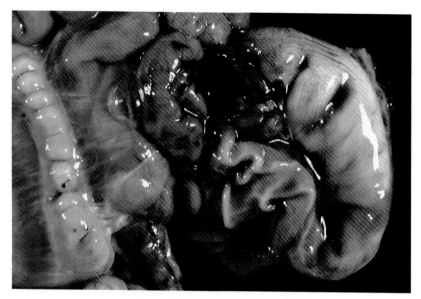

图5-15 断奶仔猪：胃（和肠系膜）水肿。见于水肿病

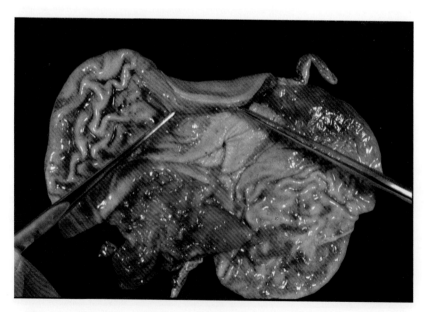

图5-16 断奶仔猪：胃壁水肿。镊子所示之处为胃黏膜下的胶冻样丝状物（水肿）

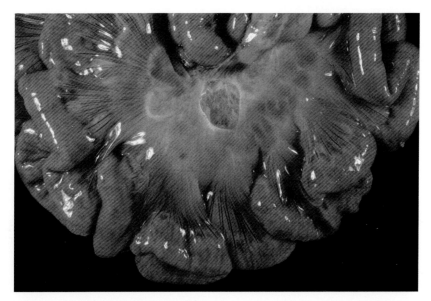

图5-17　断奶1周仔猪：肠系膜和小肠。注意：肠系膜和小肠浆膜水肿，呈胶冻样。见于内毒素性大肠杆菌病

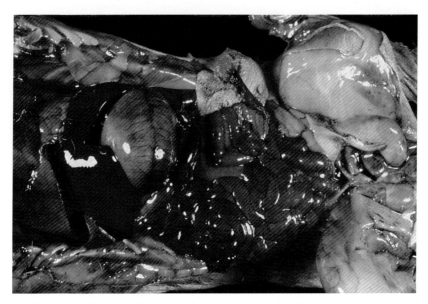

图5-18　新生仔猪：急性卡他性肠炎。注意：严重肠瘀血和肠内液体内容物。见于败血性大肠杆菌早期感染

图5-19 2日龄仔猪：严重急性卡他性肠炎。肠瘀血、肠袢肿胀、肠内容物呈液态和胃内充满乳汁。见于大肠杆菌性腹泻

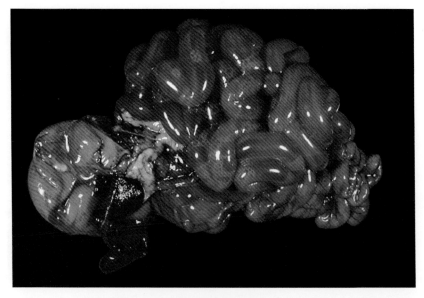

图5-20 3日龄仔猪：出现急性和亚急性卡他性肠炎时的肠袢。肠道内容物呈淡黄色、水样，未消化，内含气体并引起肠壁扩张。见于大肠杆菌性腹泻

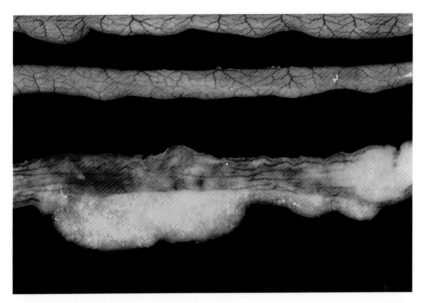

图5-21 哺乳仔猪急性卡他性肠炎。肠道黏膜和浆膜充血,内容物呈水样,大量黏液并有未消化饲料。见于大肠杆菌病

图5-22 患急性卡他性肠炎的断奶仔猪小肠。注意:肠黏膜瘀血,肠道内容物呈水样,并含有未消化饲料。见于大肠杆菌病

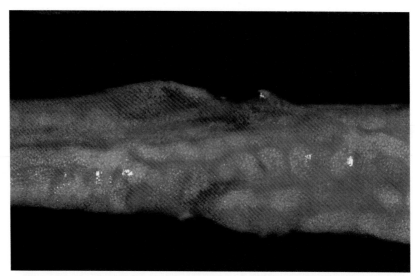

图5-23　9日龄仔猪回肠。亚急性慢性卡他性肠炎，黏膜轻微增厚。见于球虫病

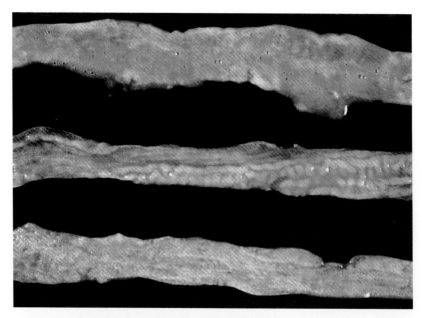

图5-24　剪开后的哺乳仔猪小肠。慢性卡他性肠炎，内容物呈水样，血管不明显，黏膜轻微增厚。见于球虫病

图5-25 断奶仔猪消化系统出现广泛性水肿时的胃和肠道。见于水肿病（内毒素性大肠杆菌病）

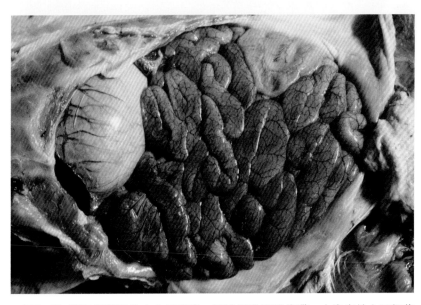

图5-26 断奶仔猪肠腔内大量积液，导致肠道严重停滞。内毒素性大肠杆菌病的特殊病例，特征是无水肿发生但有严重脱水

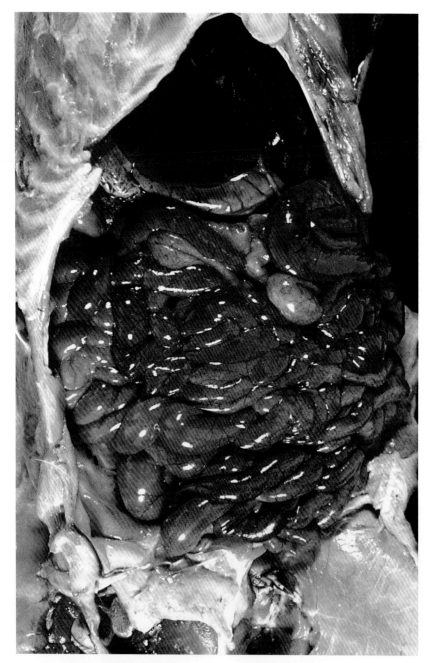

图5-27 断奶仔猪肠道严重充血（急性卡他性肠炎）。内毒素性大肠杆菌病发生过程中的典型肠道停滞

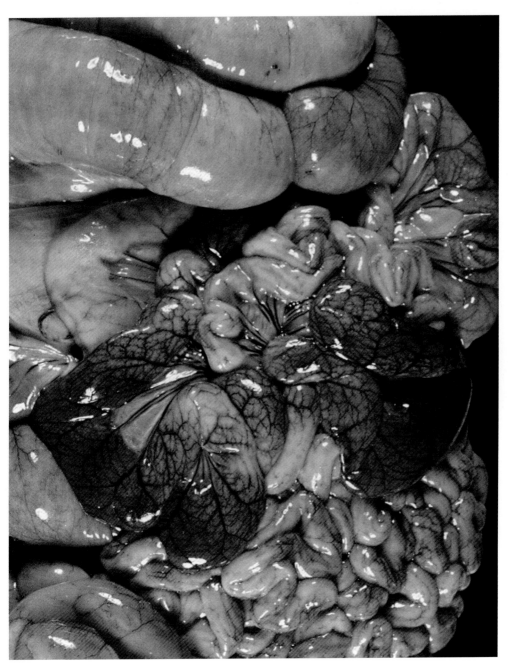

图5-28 另一头断奶仔猪的肠祥局部放大图。浆膜血管严重瘀血和肠炎。见于内毒素性大肠杆菌病

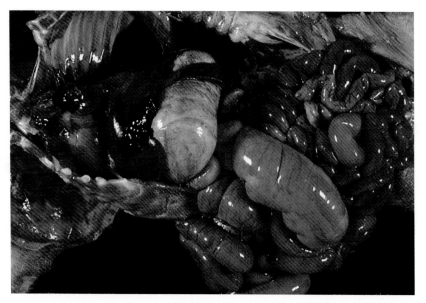

图5-29　断奶仔猪肠道，大肠杆菌病引起的自发性肝破裂和急性卡他性肠炎

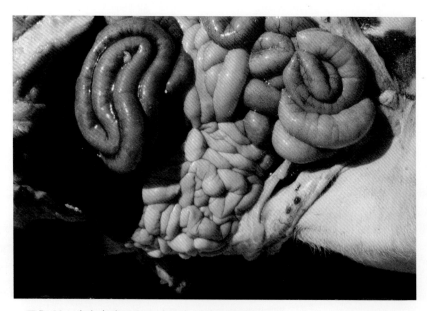

图5-30　来自有腹泻和呕吐暴发的猪场的哺乳仔猪。注意：淡黄色糊状的肠道内容物和肠道的显著膨胀。见于猪传染性胃肠炎

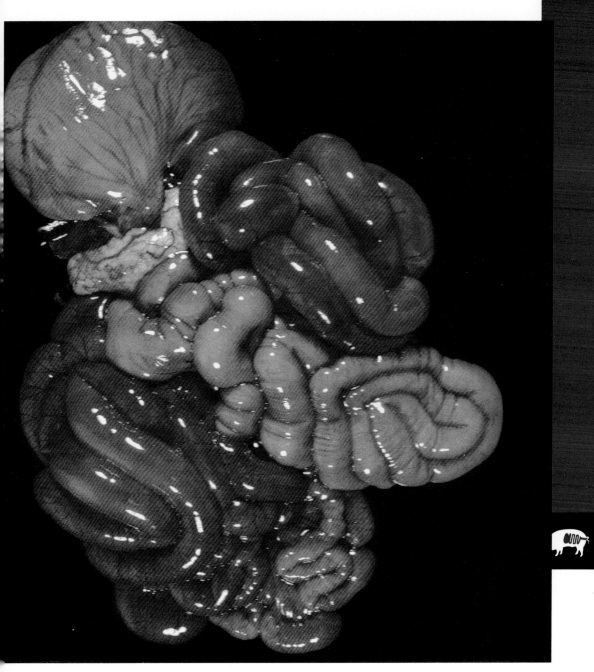

图5-31 断奶仔猪的消化道。严重肠炎，肠道内容物呈淡黄色。见于猪流行性腹泻

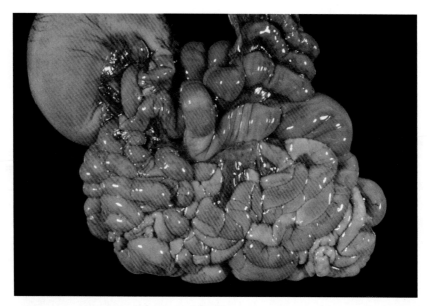

图5-32　断奶仔猪卡他性肠炎。肠祥膨胀，肠道内容物呈淡黄水样。猪流行性腹泻的又一病例

图5-33　2日龄仔猪出血性肠炎。肠祥呈亮红色，肠管内有血。产气荚膜梭菌C型引起的肠毒血症

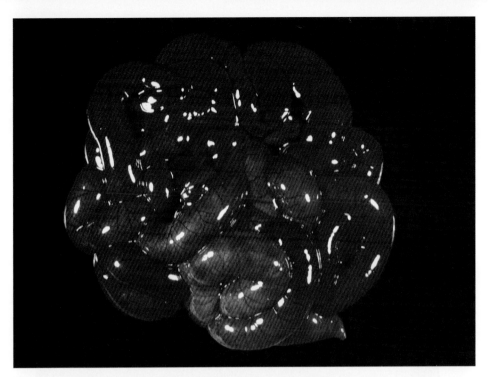

图5-34　患出血性肠炎的哺乳仔猪肠袢放大图。见于肠毒血症

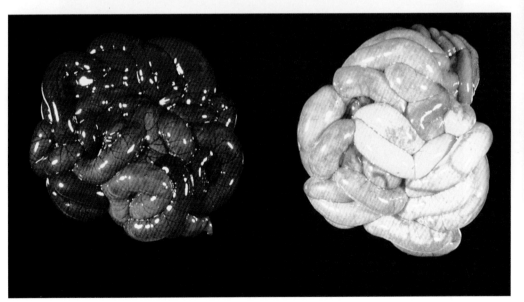

图5-35　两头哺乳仔猪的胃对比图。左侧是由梭菌引起的出血性肠炎，右侧是由大肠杆菌引起的卡他性肠炎

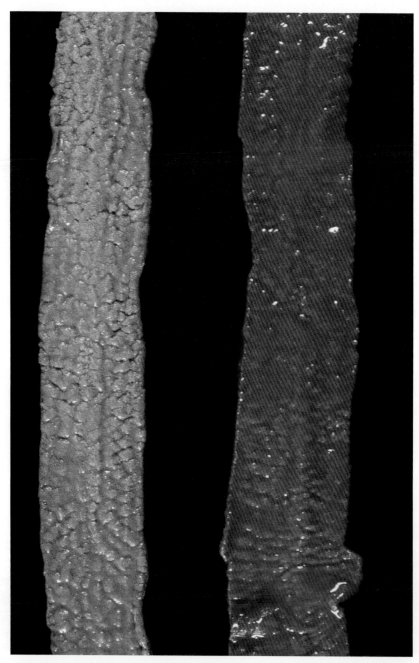

图 5-36　10 日龄仔猪肠道剪开图。产气荚膜梭菌毒素的腐蚀作用引起的肠黏膜坏死和凝结物

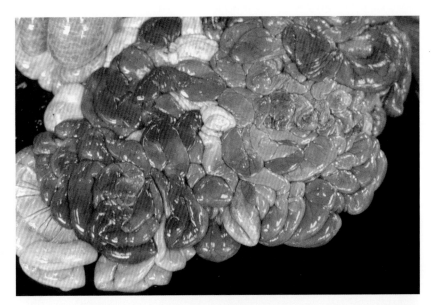

图5-37 患卡他性出血性肠炎（肠内容物看起来"很脏"）生长猪的空肠和回肠。见于梭菌性肠炎，但大肠杆菌病、医源性菌群失调及某些类型的沙门氏菌病也可能引起非常相似的病变

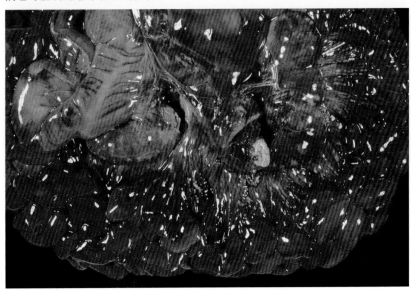

图5-38 断奶－生长猪的大肠和小肠出现严重的坏死出血性肠炎。注意：肠系膜淋巴结和动脉的反应非常强烈（肿大），并且肠系膜血管有血栓症。见于典型的急性沙门氏菌病

图5-39 保育仔猪猝死症。空肠和回肠内容物带血，与产气荚膜梭菌A型引起的肠毒血症的散发病例符合。较少见于产气荚膜梭菌C型

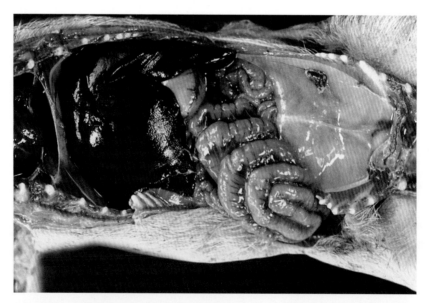

图5-40 保育仔猪结肠内有已消化的带血内容物。该猪死前不久腹部呈现黑色。是产气荚膜梭菌A型的又一特征性症状

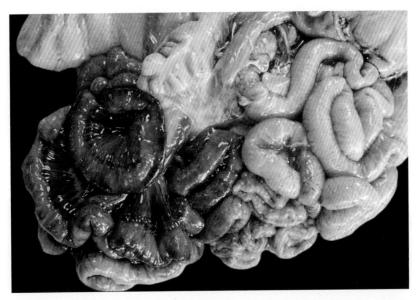

图5-41 生长猪坏死性－假白喉回肠炎。由胞内劳森氏菌引起的增生性肠炎
或回肠炎（"坏死性肠炎"型）导致

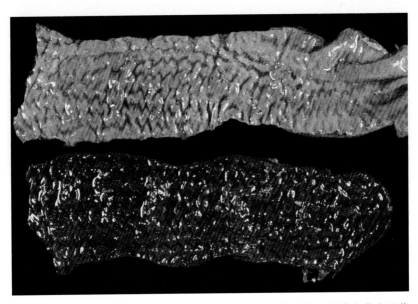

图5-42 患有增生性出血性肠炎的生长猪回肠末端片段。由胞内劳森氏菌
引起的回肠炎的又一类型病变

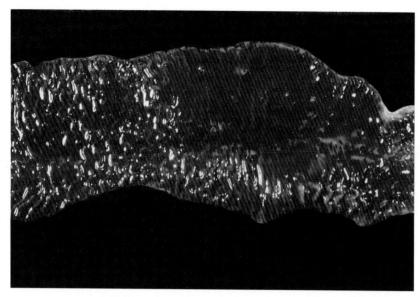

图5-43　生长猪增生性出血性肠炎。病变出现于回肠末端。猪增生性肠炎的又一病理症状

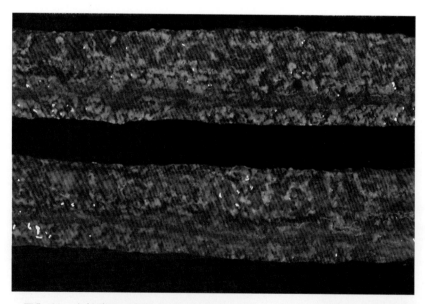

图5-44　生长猪回肠段发生增生性坏死性肠炎。注意：沿派尔集合淋巴结形成的严重溃疡。增生性肠炎引起的局部回肠炎表现

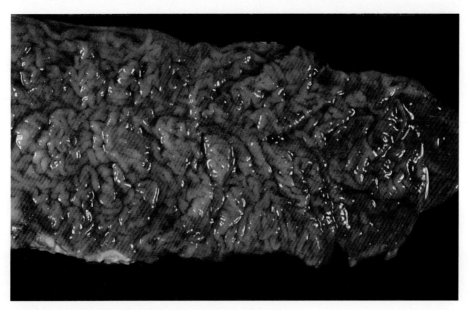

图5-45　生长猪的增生性盲肠炎。注意：黏膜极度增大，与由胞内劳森氏菌引起的猪增生性肠炎症群中的猪肠腺瘤病表现吻合

图5-46　断奶猪的结肠，患有局灶坏死性-假白喉盲肠炎。黏膜层淋巴组织溃疡可见纤维蛋白堆积（纽扣状溃疡）。见于慢性猪瘟，不过类似的病变也可见于由沙门氏菌病和猪痢疾引发猪结肠

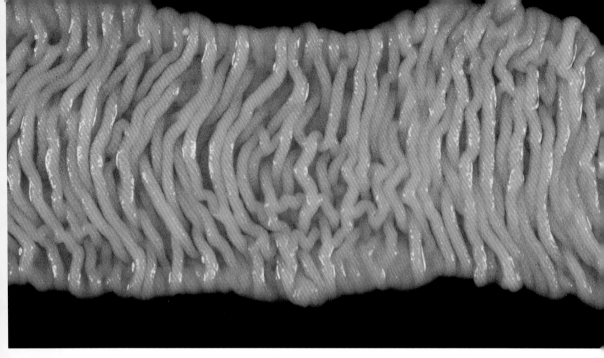

图5-47 患肠炎的生长猪结肠。见于由肠道螺旋体引起的慢性猪肠道螺旋体病

图5-48 生长猪的结肠。由沙门氏菌属细菌引起的坏死性－假白喉肠炎

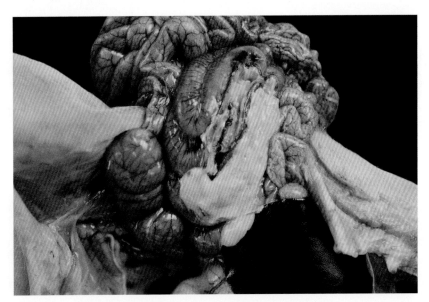

图5-49　由慢性卡他性结肠炎引起的10日龄仔猪的螺旋结肠。注意：淡黄色无定型的肠内容物与黏膜完全粘连。见于球虫病

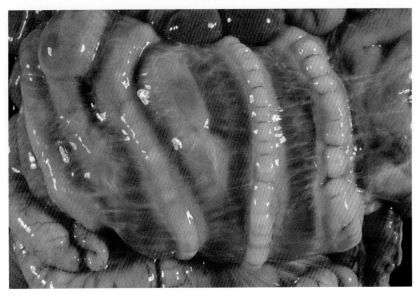

图5-50　断奶仔猪肠袢和螺旋结肠水肿。内毒素大肠杆菌病或水肿病的典型症状

图5-51　生长猪肠袢和螺旋结肠水肿并伴有坏死性－假白喉结肠炎。见于猪痢疾短螺旋体引起的猪痢疾

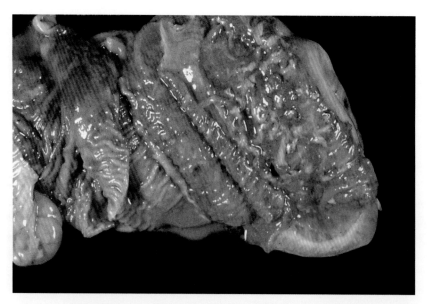

图5-52　患有增生性－假白喉盲肠炎的断奶猪螺旋结肠。螺旋体病与条件性致病寄生虫结肠小袋纤毛虫并存

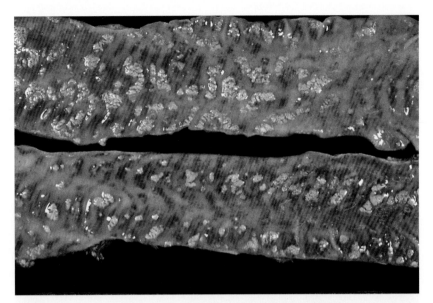

图5-53 生长猪坏死性-假白喉结肠炎。见于由猪痢疾短螺旋体引起的猪痢疾

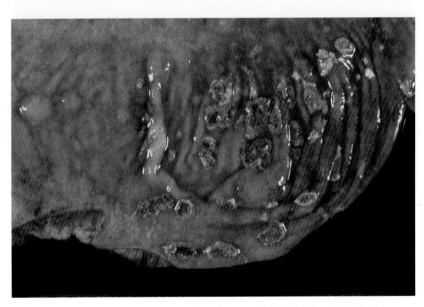

图5-54 生长猪坏死性-假白喉结肠炎，可见纽扣状溃疡。见于猪痢疾

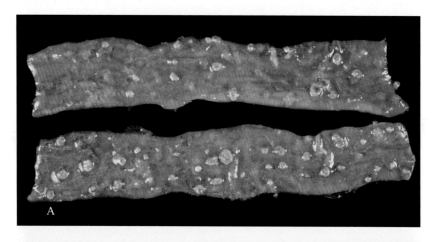

图5-55 患坏死性-假白喉结肠炎的生长猪结肠片段，形成了纤维蛋白"纽扣"。见于由结肠小袋纤毛虫感染引起的痢疾A和B

图5-56　断奶猪严重坏死性-假白喉盲肠炎。注意：黏膜出现坏死并有大量的纤维蛋白层。见于沙门氏菌病

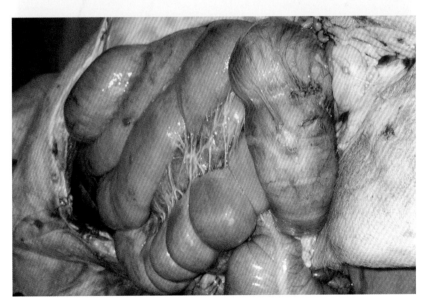

图5-57　由粪便潴留导致的育肥猪肠袢严重膨胀。该病猪由于直肠狭窄而出现腹部下垂和膨胀

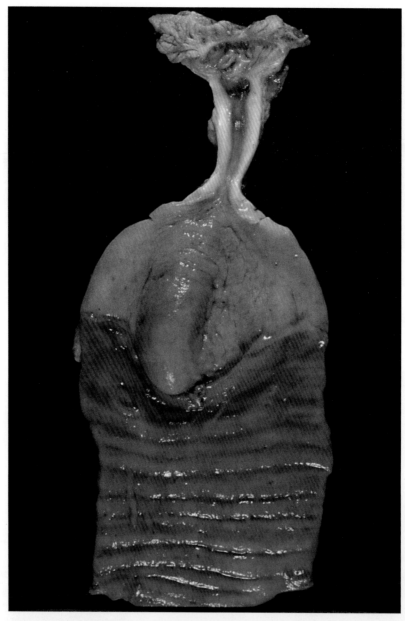

图5-58　生长猪直肠狭窄。注意：由于肠壁硬化而导致的肠腔严重变窄。通常与由沙门氏菌病引起的溃疡性直肠炎和痔血管血栓症有关。然而，直肠狭窄也可见于由沙门氏菌感染引起的直肠脱垂但无小肠结肠炎的病例中

（神翠翠译　尉　飞校）

第6章　腹腔：肝、脾、肾及泌尿生殖系统

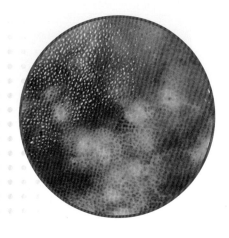

图6-1 生长猪慢性寄生性间质性肝炎或"白斑肝"。注意：小面积的白斑，由肝脏的边缘散射到整个肝的表面。见于蛔虫病

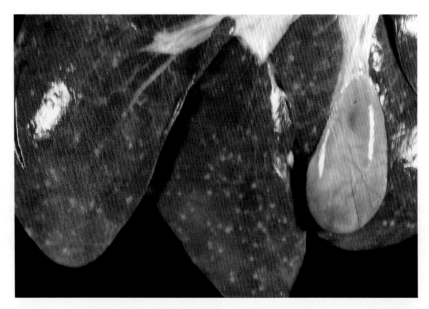

图6-2 蛔虫感染导致生长猪的白斑肝。这是屠宰猪最常见的一种肝脏病变

图6-3　生长猪白斑肝的放大图。注意：具有弥散边缘的区域已经浸润到肝小叶之间。见于蛔虫病

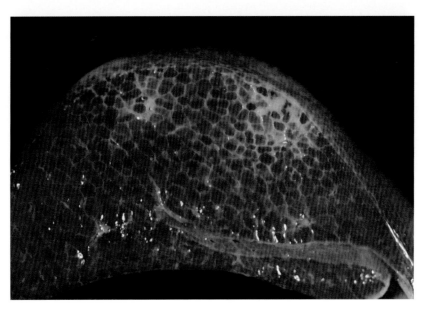

图6-4　白斑肝的切面图。炎症反应先发生在肝表面，然后向肝实质扩散，且已深入数毫米，随后进入小叶间隔膜

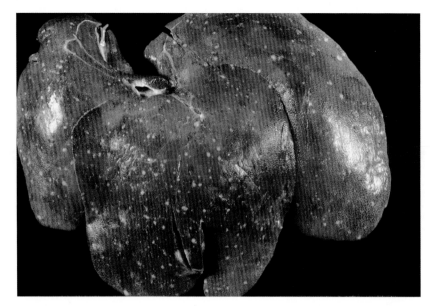

图6-5　来自小型家庭农场的种母猪肝脏。注意：白色突出的结节已扩散到整个肝的实质。见于结核病

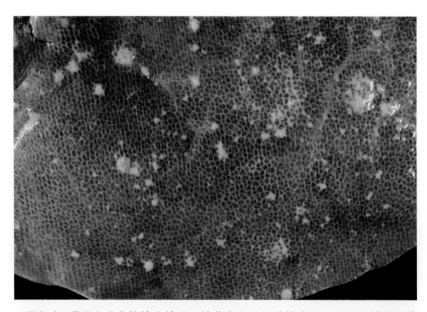

图6-6　是图6-5中的放大效果。结节突出于肝脏的表面。见于由结核杆菌引发的肉芽性肝炎

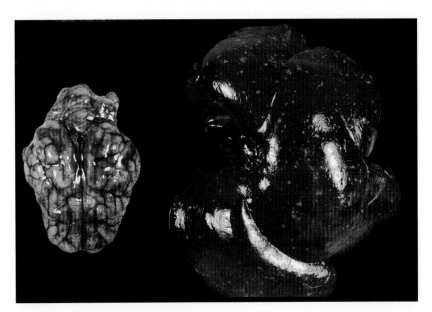

图6-7 患伪狂犬病的仔猪大脑、小脑和肝。注意：脑严重充血、出血（非化脓性急性脑膜炎）和肝坏死＋肝炎病灶

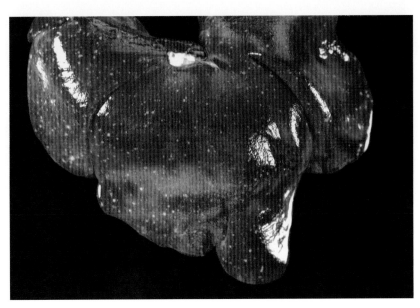

图6-8 仔猪肝脏，可见坏死病灶和肝炎。见于伪狂犬病

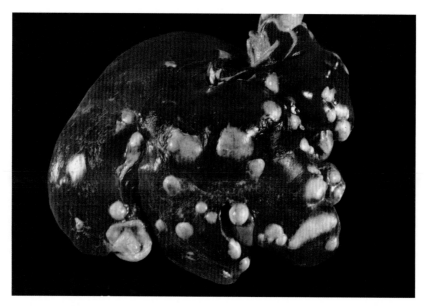

图6-9 种母猪的肝脏。肝表面有大的包囊，包囊有双层囊壁，内有头节。
见于包虫病

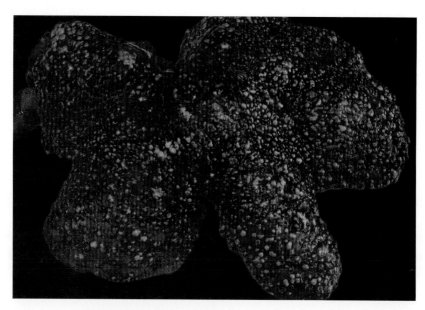

图6-10 家庭农场母猪的肝脏。肝表面可见大量小包囊，包囊内可清晰见到
典型的包虫囊。见于包虫病

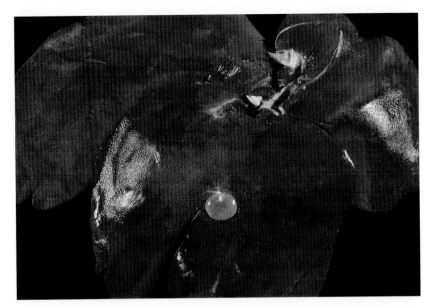

图6-11　生长猪的肝脏。肝表面有含有一个头节的包囊。见于绦虫病

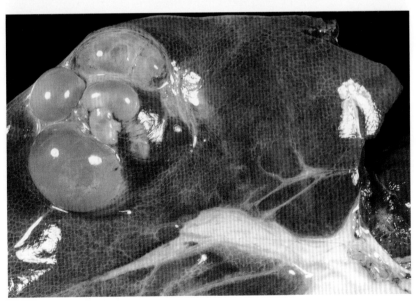

图6-12　保育猪肝脏的放大图片。肝表面有数个先天性包囊，此类包囊仅有一层膜，通常与肾囊肿同时出现。先天性遗传

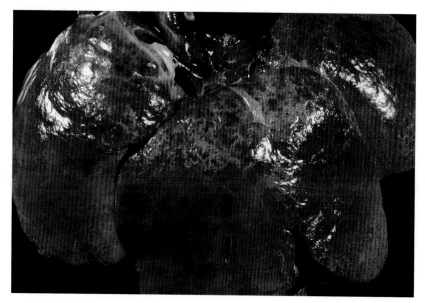

图6-13 生长猪肝硬变。由于纤维化和再生性增生，导致肝表面不规则。肝脏表现为明显一致性增大。常见于肝脏早期营养不良或严重循环机能障碍

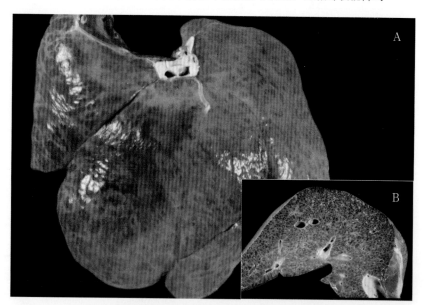

图6-14 A.生长猪肝硬化。肝脏变小，表面不规则。明显的再生性红色小结和灰白色的纤维结缔组织退化条纹。见于营养不良性肝硬化后期。B.生长猪肝硬化切面。注意：肝脏表面明显不规则和纤维结缔组织增生

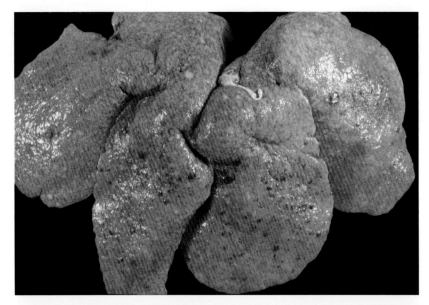

图6-15 种母猪肝脏。表现为增大、表面不规则、肝周围炎病灶和颜色变浅。见于淋巴肉瘤。这种病理在猪上很少见

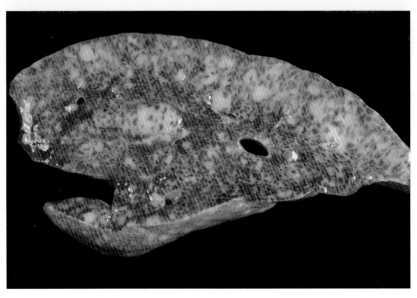

图6-16 是图6-15中肝的切面。肝实质内浸润着灰-白渗出物，这些组织由肿瘤淋巴细胞组成。见于淋巴肉瘤

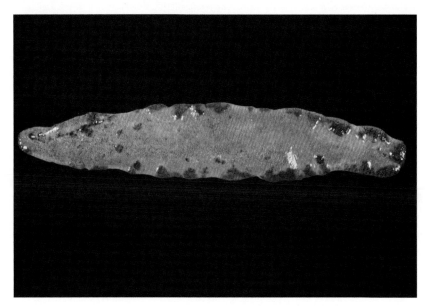

图6-17 生长猪的脾脏。脾脏边缘有大量梗死灶，导致脾被膜外张。见于猪瘟

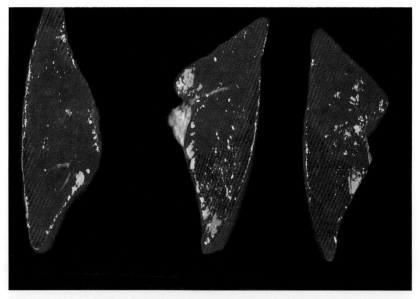

图6-18 断奶猪脾脏切面。表现为明显的梗死。见于猪瘟

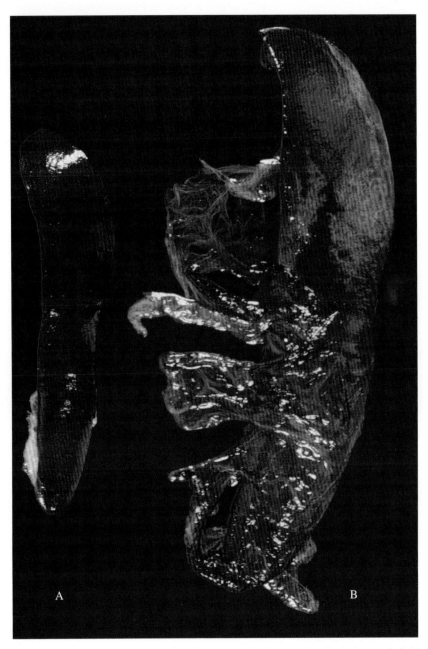

图6-19　两头同一日龄的断奶仔猪脾脏对比照片。A.正常脾脏。B.脾脏表现为增大，伴有贫血性充血坏死区；注意：脾脏被膜与网膜组织的黏附。见于脾扭转

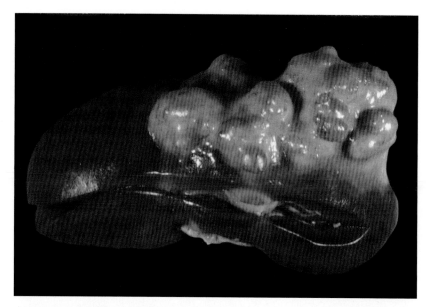

图6-20　生长猪一侧肾脏。有白色肿瘤样结节。见于先天性肾胚细胞瘤

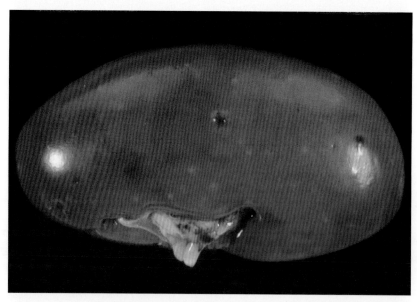

图6-21　生长猪一侧肾脏。有先天性的肾囊肿。该先天性畸形常见于屠宰场或解剖时的猪，且无临床症状

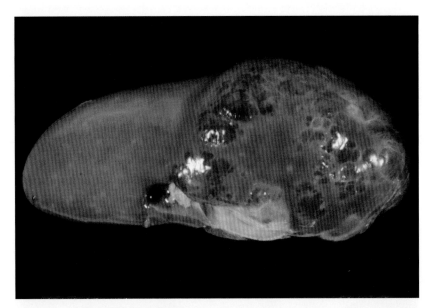

图6-22　生长猪多发性肾囊肿。除非是特别严重的病例，一般没有临床症状。见于屠宰场或解剖时的猪

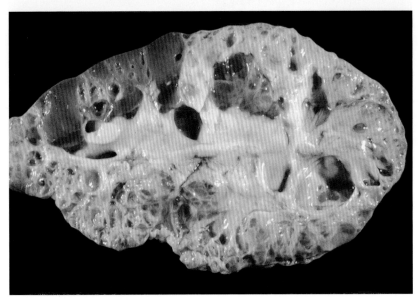

图6-23　肾的切面图。可见大部分组织已经被一系列囊肿替代。先天性病变，通常与先天性肝囊肿同时出现

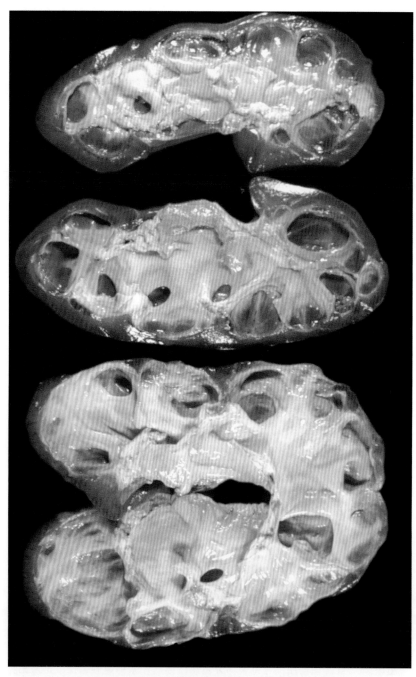

图6-24　生长猪肾的切面图。注意：肾盂扩张。见于肾盂积水

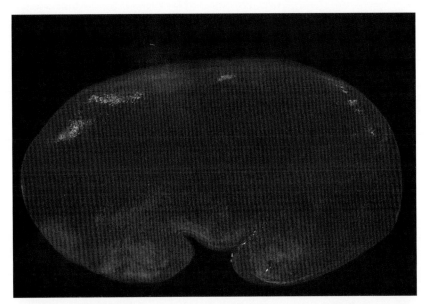

图6-25　种母猪的肾脏。出血点广泛分布于整个肾实质。霉菌毒素中毒症源于饲料潮湿和霉变（照片由Luis Cuervo博士提供）

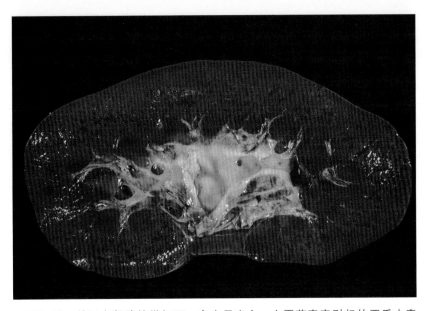

图6-26　前图中肾脏的纵切面。有少量出血。由霉菌毒素引起的严重中毒（照片由Luis Cuervo博士提供）

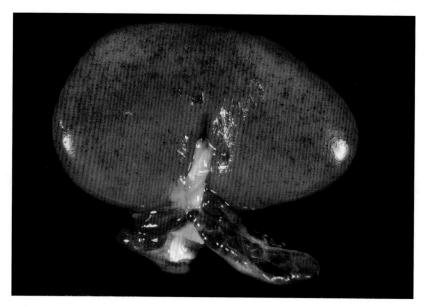

图6-27　断奶仔猪的肾脏。肾皮质出血。注意：淋巴结肿大和出血。见于急性猪瘟。此类病变也见于其他败血性疾病

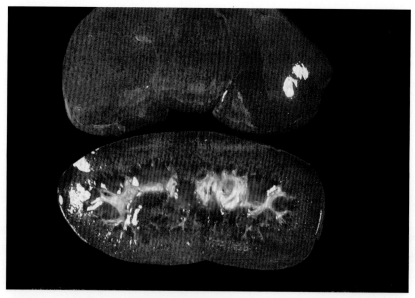

图6-28　是图6-27中肾脏的表面和肾的纵切面。皮质层出血。见于猪瘟

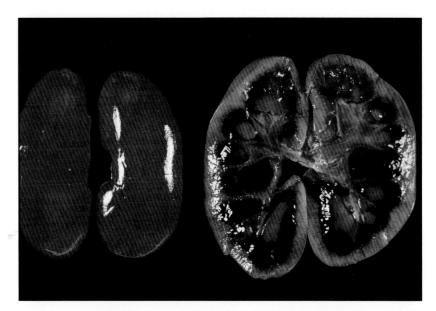

图6-29　生长猪的肾脏（表面和纵切面）。可观察到肾髓质充血、出血。照片展示的是败血症过程中出现的"肾休克"

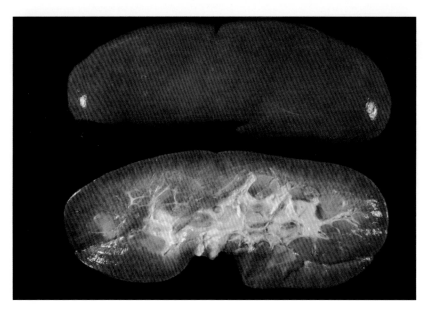

图6-30　生长猪的肾脏。肿大、坚硬、颜色变浅。见于猪圆环病毒2型引发的慢性间质性肾炎

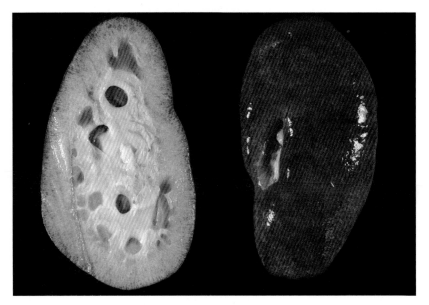

图6-31 生长猪纤维变性肾脏的外表和切面。注意：切面表面不规则、一致性增大且呈白色。病变见于慢性间质性肾炎。病因难以确定

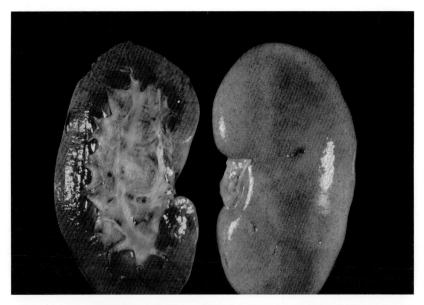

图6-32 生长猪的肾脏。肾肿大，表面有红色斑点。此病猪的皮肤也有坏死病斑。见于猪皮炎肾病综合征

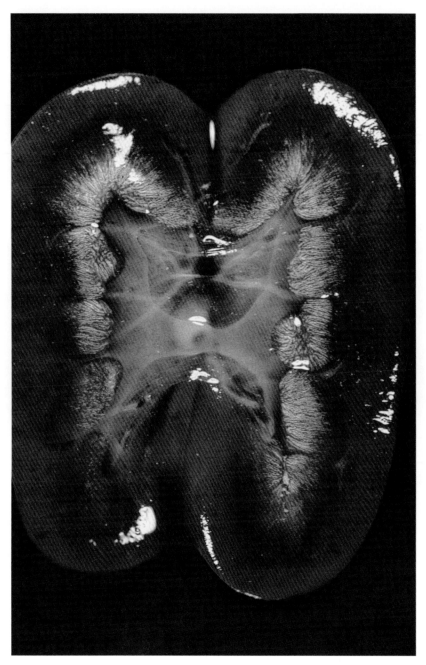

图6-33　保育猪肾脏切面。可见肾盂附近的肾小管有不正常的物质沉淀，源于因皮肤严重坏死或长时间化药治疗导致的尿酸盐沉积

图6-34　肾脏横切面。显示肾盂处有结石,由细菌感染引发的肾盂肾炎所致。见于尿路上行性感染

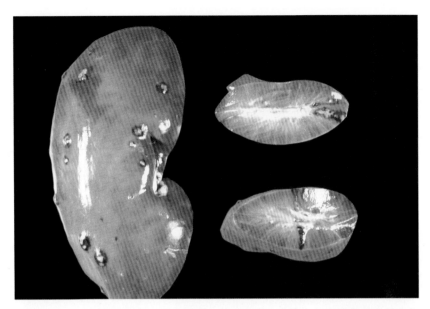

图6-35　生长猪的肾脏。肾表面有小的浅脓肿。注意：切面有楔状病灶和充血的环状病灶。见于葡萄球菌感染导致的栓塞转移性肾炎

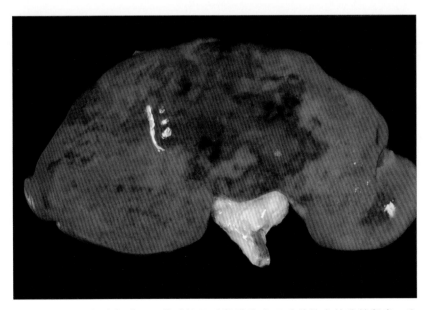

图6-36　生长猪肾脏。细菌感染导致肾脏发生严重的栓塞转移性肾炎。注意：肾表面有大面积的炎性区域并有坏死病灶

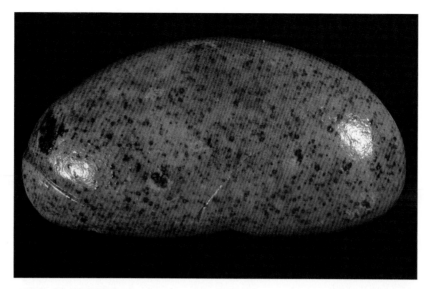

图6-37　生长猪肾脏。表现为栓塞转移性肾炎。注意：被充血环环绕的大量白斑。见于猪丹毒

图6-38　是图6-37中生长猪肾脏的切面图。可见楔形病灶。由猪丹毒杆菌感染形成的细菌性栓塞导致

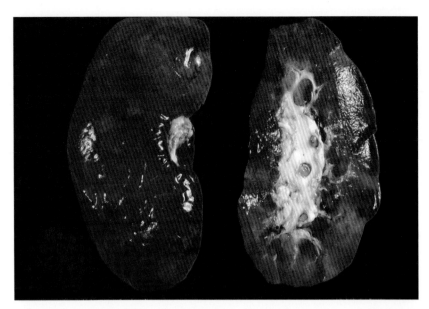

图6-39 生长猪的肾脏。可见肾纤维化（白色萎缩的区域）。这些损伤提示栓塞转移性肾炎的发展或后遗症

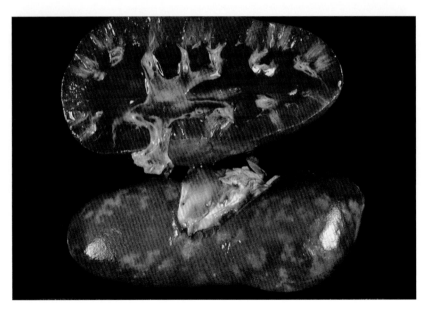

图6-40 生长猪的肾。可见萎缩区和白色射线样条纹，典型的肾脏纤维化。见于栓塞转移性肾炎引起的病灶

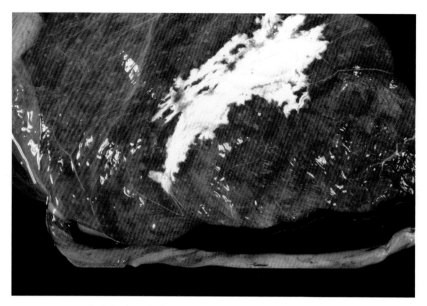

图6-41　正常分娩的母猪胎盘。表面有白色钙化区。这种情况经常可见，无重要的病例意义

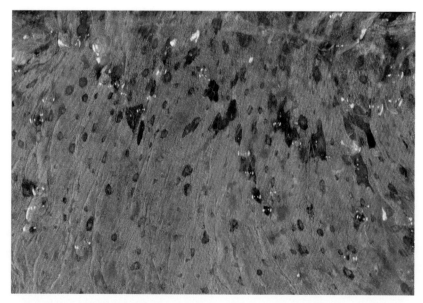

图6-42　刚分娩母猪的胎盘。可见大量腐蚀。常见于患猪繁殖与呼吸系统综合征的病例中

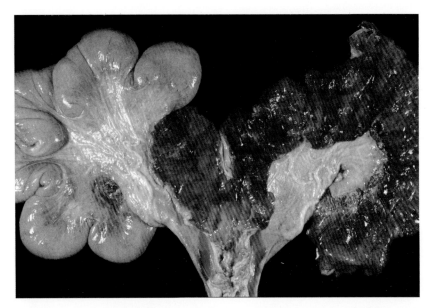

图6-43 患"脏母猪综合征"和突然死亡母猪的子宫。两个子宫角肿大，内膜充血，子宫壁水肿。见于大肠杆菌引起的子宫内膜炎

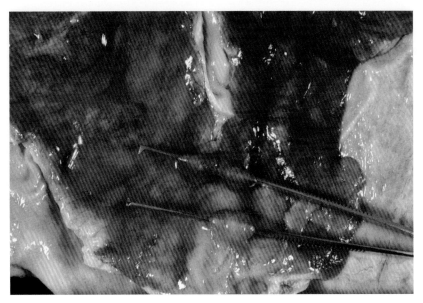

图6-44 是图6-43中母猪的子宫放大后的图。可见子宫内膜包囊状增生。病猪所在农场存在严重的猪繁殖与呼吸系统综合征。子宫内也检出大肠杆菌

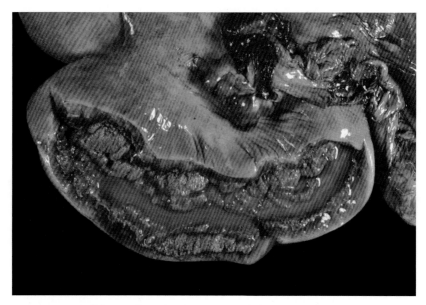

图6-45 阴道有恶露的母猪子宫积脓。母猪突然死亡。注意：子宫角扩张，血样脓性内容物，增生性和坏死性子宫内膜炎，子宫壁严重水肿。见于大肠杆菌和葡萄球菌引起的子宫积脓

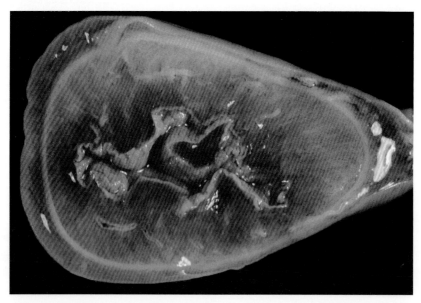

图6-46 是图6-45中母猪的子宫切面放大图：表现为子宫壁严重水肿。见于大肠杆菌内毒素菌株感染

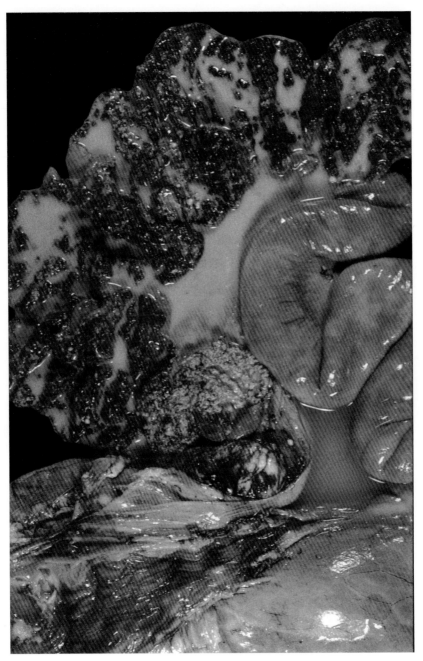

图6-47　患"脏母猪综合征"的母猪子宫积脓。注意：子宫扩张，大量的浓汁，子宫内膜肿胀。见于葡萄球菌和链球菌的混合感染

图6-48　死胎。流产的死胎，观察到妊娠不同阶段死亡的胎儿，从最小的（呈木乃伊状）到最大的（基本发育成型）。见于猪繁殖与呼吸系统综合征

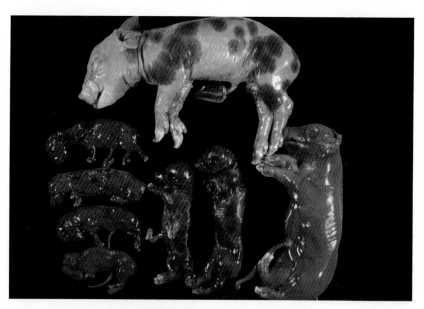

图6-49　猪细小病毒导致的母猪流产。胎儿在特定阶段死亡，大小在一定范围。虽然流产与猪细小病毒感染有关，但也不排除其他原因

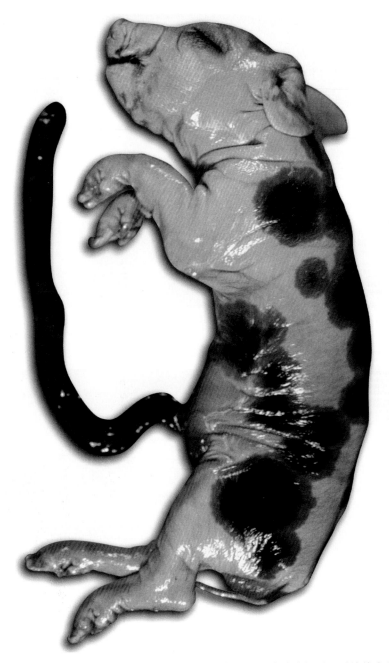

图6-50　流产的胎儿。可以脐带出血。经常可从由猪繁殖与呼吸系统综合征引发的流产中见到

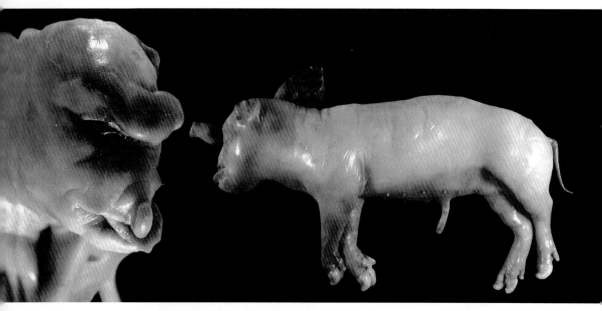

图6-51　偶发的先天性畸形（仅见的一窝）。独眼胎儿

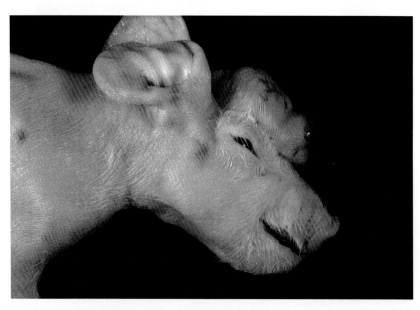

图6-52　先天性畸形的死胎。脑膜突出的偶发案例。这种畸形在感染瘟病毒的母猪群中高发

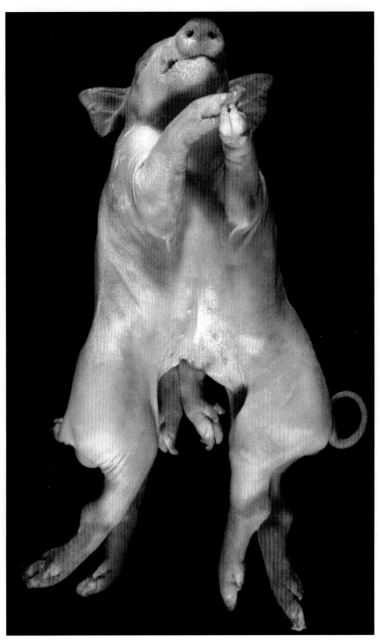

图6-53 偶发的先天性畸形。胸腔相连的连体双胞胎，两个身体和四肢共用一个头

（赵　瑜译　潘雪男校）

第7章 头部：颅骨和鼻前庭

在头部的检查中，鼻腔是最重要的检查部位。检查鼻孔既可以为普通病变的判断提供相关信息，又可以为特定疾病的诊断提供相关依据。当机体出现血液循环障碍（如出血）时，这意味着机体出现了由细菌或病毒引起的败血症。

鼻炎可由常在菌群的紊乱、黏膜的破坏或免疫缺陷引起。这些炎症可能是急性的，也可能是慢性的，而且炎症依据不同渗出物性质，如卡他性炎症、纤维蛋白渗出性炎症等而呈现不同的特征。

鼻腔是诊断卡他性鼻炎最重要的部位，而卡他性鼻炎又是猪鼻炎中最重要的一类。

打开颅骨检查脑部，也可以为很多系统性疾病的诊断提供依据。

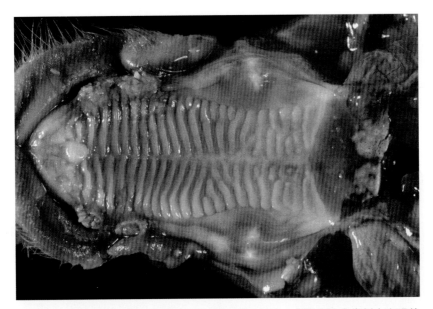

图7-1 保育仔猪牙龈、硬腭及部分咽部的坏死灶。由猪伪狂犬病例中出现的坏死杆菌感染引起

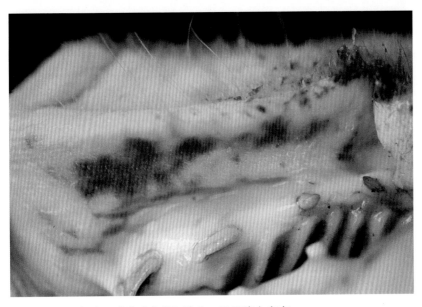

图7-2 生长猪口腔黏膜糜烂和溃疡。见于猪水疱病

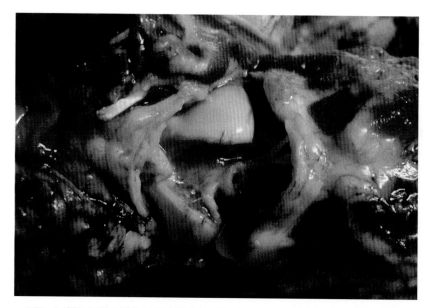

图7-3 断奶仔猪化脓性纤维素性寰枕关节炎。见于由链球菌引起的败血症病例

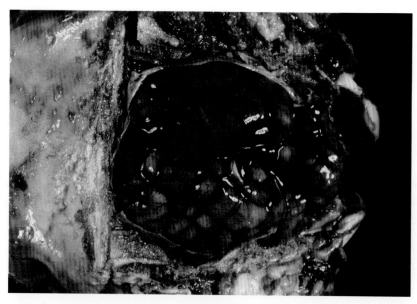

图7-4 断奶仔猪脑严重充血、水肿及脑膜出血，见于由链球菌引起的败血症病例

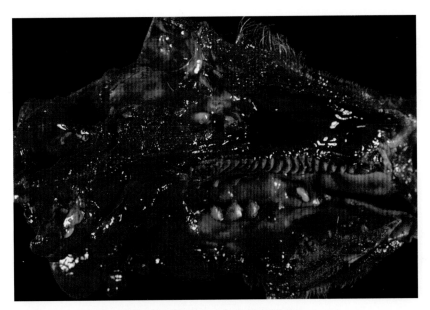

图7-5　保育仔猪急性卡他性鼻炎。由包含体鼻炎引起

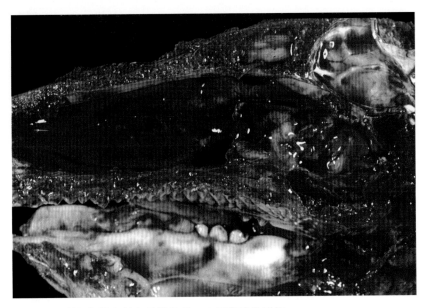

图7-6　断奶仔猪急性卡他性鼻炎。由细菌感染引起

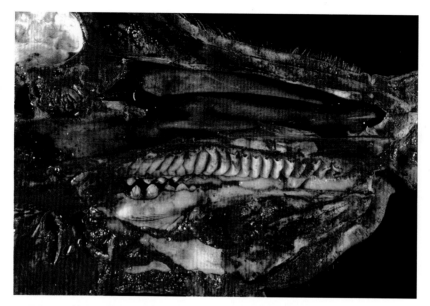

图7-7 断奶仔猪出血性卡他性鼻炎。由细菌败血症引起

图7-8 断奶仔猪慢性卡他性鼻炎。矢状切面显示鼻甲骨萎缩，并有黏液脓性渗出

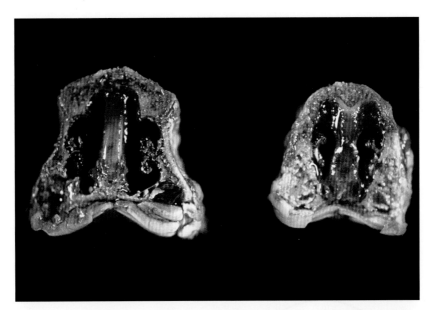

图7-9　断奶仔猪急性卡他性鼻炎。表现为鼻甲骨萎缩。见于猪萎缩性鼻炎

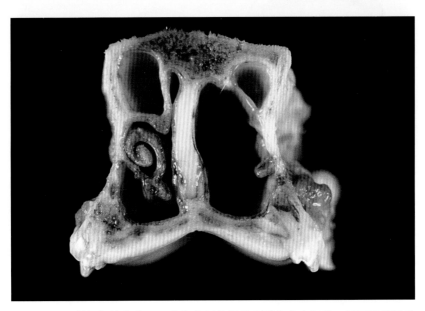

图7-10　断奶仔猪鼻中隔歪曲和右侧鼻甲骨几乎完全空洞化。见于猪萎缩性鼻炎

（王科文 译　潘雪男 校）

索　引

索 引

（按汉字首字母排列）

图书在版编目（CIP）数据

猪病理剖检诊断指南 ／ （西）马塞洛德·拉斯赫拉斯·
吉勒莫恩，（西）乔斯·安东尼奥·加西德·贾龙主编 ；
潘雪男，肖驰，神翠翠主译. -- 北京 ：中国农业出版社，
2018.3

ISBN 978-7-109-22018-8

Ⅰ．①猪… Ⅱ．①马… ②乔… ③潘… ④肖… ⑤神
… Ⅲ．①猪病-病理解剖学-指南 Ⅳ．①S858.28-62

中国版本图书馆CIP数据核字(2018)第036916号

English edition:
A Guide to Necropsy Diagnosis in Swine Pathology
©2014 Grupo Asís Biomedia, S.L.
ISBN: 978-84-92569-76-2

Spanish edition:
Guía de diagnóstico de necropsía en patología porcina
©2008 Grupo Asís Biomedia, S.L.
ISBN: 978-84-92569-01-4

北京市版权局著作权合同登记号：图字01-2018-1211号

中国农业出版社出版
（北京市朝阳区农展馆北路2号）
（邮政编码　100125）
责任编辑　邱利伟　周晓艳

上海宝联电脑印刷有限公司印刷　　新华书店北京发行所发行
2018年3月第1版　　2018年3月上海第1次印刷

开本：700mm×1000mm　1/16　印张：10.75
字数：320千字
定价：186.00元
（凡本版图书出现印刷、装订错误，请向出版社发行部调换）